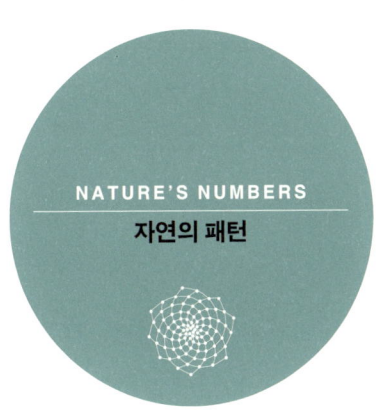

NATURE'S NUMBERS

자연의 패턴

SCIENCE MASTERS

NATURE'S NUMBERS
Discovering Order and Pattern in the Universe
by Ian Stewart

Copyright ⓒ 1995 by Ian Stewart
All rights reserved.
First published in Great Britain by Orion Publishing Group Ltd..
The 'Science Masters' name and marks are owned and licensed by Brockman, Inc..
Korean Translation Copyright ⓒ 2005 by ScienceBooks Co., Ltd.
Korean translation edition is published by arrangement with Brockman, Inc..

이 책의 한국어판 저작권은 Brockman, Inc.과 독점 계약한
㈜사이언스북스에 있습니다.
저작권법에 의해 한국 내에서 보호를 받는 저작물이므로
무단 전재와 무단 복제를 금합니다.

NATURE'S NUMBERS
자연의 패턴
―
이언 스튜어트가 들려주는
아름다운 수학의 세계

이언 스튜어트

김동광 옮김

옮긴이의 말

패턴을
찾아서

알베르트 아인슈타인(Albert Einstein)은 "순수 수학은 그 자체가 논리적인 개념들로 씌어진 한 편의 아름다운 시(詩)이다."라고 말했다.

지금까지 자연의 비밀을 파헤치고, 그 속에 숨어 있는 본래의 모습을 발견하려고 애썼던 인류 정신의 위대한 거인들은 거의 예외없이 수학의 아름다움을 칭송했고, 수학이야말로 진리에 이르는 가장 중요한 통로라고 소리 높여 외쳤다. 미국의 한 시인은 수학의 아버지라 불리는 유클리드(Euclid)야말로 발가벗은 진정한 아름다움을 보았다고 말했다. 그렇다면 무엇이 수학과 수학자를 이런 경지에 도달하게 만드는 것일까? 수학이 가진 힘은 과연 무엇일까? 도대체 수학은 어떤 유용성을 가지는 것일까?

이 책은 수학에 대해 품었음직한 이런 여러 가지 질문에 대해 가장 깊이 있고 분명한 통찰을 보여 준다. 우리는 수학이란 단어를 들었을 때 항상 다음과 같은 것들을 떠올린다. '어려운 것', '수와 복잡한 계산', '공식' 등등. 그러면서도 수학이 중요하다는 말을 귀에 못이 박히도록 들어 왔다. 이런 두 가지 요소가 한데 얽혀, '수학은 어렵고 복잡한 것, 그러나 반드시 알아야 할 무엇'이라는 그리 달갑지 못한 이미지로 굳어져 버렸다.

그렇지만 이 책의 저자는 우리가 그동안 수학의 전부라고 잘못 생각해 왔던 수와 공식, 계산이란 정작 수학이라는 거대한 빙산의 일각에 불과함을 보여 주고 있다. 저자는 우리를 수학의 세계로 이끌어 들이는 것은 자연이 가진 다양한 패턴들이라고 말한다. 수학의 발전 과정은 자연의 패턴을 발견하고, 그것을 설명하고, 그 패턴 속에 숨어 있는 질서와 규칙을 밝혀 내려는 인류의 노력과 함께 이루어져 왔다.

수학자는 화가, 시인, 음악가와 마찬가지로 패턴을 추구한다. 화가가 색채와 형태로 그것을 표현하고, 시인이 언어를 사용하듯, 수학자도 수와 도형이라는 자신의 도구를 사용할 뿐이다. 이들은 모두 아름다움을 추구한다. 수학적 아름다움이 무엇인지 알기 쉽게 설명하기는 힘들지만, 이는 음악의 선율이나 시에서 느끼는 아름다움과 다르지 않다. 실제로 음악이나 시의 아름다움을 설명하려 할 때 우리는 음악의 화음과 시의 운율을 끌어들이기 마련이다. 수학적 아름다움으로의 귀결인 셈이다.

이 세계는 패턴(pattern)으로 가득 차 있다. 크게는 지구가 태양 주위를 도는 패턴에서 대폭발 이후 우주가 팽창하는 패턴까지, 작게는 한옥집의 추녀가 그리는 선과 청자(靑瓷)의 우아한 곡선에 이르기까지 우리는 무수한 패턴 속에서 살아간다. 그리고 우리가 살아가며 그리는 삶의 경로 또한 하나의 패턴이다. 우리는 이런 사실들을 발견해 가는 가운데, 또한 수학이 그 패턴들의 본질을 파헤치는 도구라는 사실을 깨닫게 된다.

그렇다면 수학은 어떤 유용성을 가질까? 물론 수학이 인류 역사의 발전에 얼마나 중요한 역할을 했는지에 대해서는 굳이 설명할 필요조차 없다. 그렇지만 많은 수학자들은 수학 그 자체의 매력에 끌리곤 한다. 저자는 다음과 같은 말로 이 물음에 답하고 있다.

"등산가들은 산이 그곳에 있으니까 산에 오른다고 말한다. 수학자들 역시 마찬가지이다. 풀어야 할 방정식이 그곳에 있으니까 문제를 해결하려 하는 것이다."

　진실에 대한 가장 분명하고 아름다운 진술(陳述)은 궁극적으로 수학적 형태를 띨 수밖에 없기 때문이다.

김동광

머리말

가상 비현실 장치의 꿈

나는 꿈을 꾸었다.

꿈속에서 나는 무(無)에 둘러싸여 있었다. 텅 빈 공간이라는 뜻이 아니다. 거기에는 비어 있기 위한 공간 그 자체가 없었다. 칠흑 같은 어둠도 아니었다. 어둠에 비견될 수 있는 그 무엇도 없는, 그야말로 '무'이기 때문이다. 그것은 그저 '아무것도 없음', 무언가가 되기 위해 기다리고 있는 상태였다. 나는 마음속으로 주문을 외워 보았다. '공간이 생겨라.' 그렇지만 어떤 종류의 공간인가? 내게는 선택의 자유가 있다. 3차원 공간, 다차원 공간, 휘어진 공간.

나는 선택했다.

하나의 주문을 더 외웠다. 그러자 유체가 들어와 내가 선택한 공간을 가득 채웠다. 그 유체는 작은 파동과 굽이를 이루며 여기에서는 평온하게 밀려오고, 저기에서는 거품을 일으키며 사납게 휘몰아치는 큰 소용돌이를 이루었다.

나는 공간을 푸른색으로 칠했다. 그리고 흐름의 패턴을 알기 위해서 유체 속에 흰색 선을 그려 넣어 흐르게 했다.

나는 유체 속에 작은 붉은색 공을 놓았다. 그 공은 주변의 카오스에 대해서는 아무것도 모르는 채 그 무엇에도 지탱됨이 없이 자유롭게 떠돌았다. 또 주문을 외웠다. 그러자 공은 선의 흐름을 따라 미끄러져 갔다. 나는 내 몸 크기를 100분의 1로 줄여 공 위에 올라탔다. 앞으로 벌어지는 사건들에 대한 조감도를 얻기 위해서였다. 나는 몇 분마다 한 번씩 공의 이동 경로를 기록하기 위해 녹색 표지를 놓았다. 내가 그 표지를 건드리면, 그것은 마치 비가 내릴 때 사막 선인장이 꽃피우는 모습을 촬영한 필름처럼 활짝 피어났다. 그 꽃잎 한 장마다 사진, 그림, 숫자, 그리고 기호들이 들어 있었다. 내가 올라타 있는 공도 꽃을 피울 수 있었다. 그 공이 꽃을 피우면 공의 움직임에 따라 그림, 숫자, 기호들이 바뀌었다.

그 기호들의 행진이 만족스럽게 느껴지지 않아서 나는 공을 다른 선으로 슬쩍 이동시켰다. 나는 내가 찾고 있는 특이성(singularity)

의 분명한 궤적을 발견할 때까지 공의 위치를 미세하게 조정해 나갔다. 그런 다음 손가락을 마주쳐 '딱'하는 소리를 냈다. 그러자 공은 그 자체의 미래로 외삽(外揷)해 들어가면서 발견한 것들을 보고했다. 무언가 좋은 느낌이 든다……. 갑작스럽게 붉은색 공들이 온통 눈앞을 덮는다. 모두 마치 빠른 속도로 확산되는 물고기 떼처럼 유체의 흐름에 떠밀려 온 것들이다. 그러더니 무수한 공들은 덩굴손을 뻗어 내며 납작한 평면으로 바뀌어 버렸다. 그런 다음 더 많은 공의 무리들이 이 게임에 가세했다. 황금색, 자주색, 갈색, 은색, 분홍색…… 그 현란한 색깔의 행진에 더 이상 붙일 이름이 없을 지경이다. 무수한 색깔의 판들이 복잡한 기하학적 형태로 교차했다. 나는 그것들을 멈춰 놓고 매끄럽게 다듬은 다음 줄무늬를 칠하기 시작했다. 나는 몸짓으로 공들을 모두 사라지게 했다. 그리고 표지들을 불렀다. 나는 표지의 꽃잎들을 살펴보다가, 꽃잎 몇 장을 따서 점차 걷혀 가는 안개 속의 풍경처럼 모습을 드러내기 시작한 반투명의 격자판 위에 붙였다.

그래!

나는 새로운 명령을 내렸다. "저장하라. 제목: 3체 문제(three body problem)에서의 새로운 카오스적 현상. 날짜: 오늘."

아무것도 존재하지 않는 공동(空洞) 속으로 공간이 돌아왔다. 그리고 아침나절의 연구는 끝났다. 나는 접속을 끝내고 가상 비현실 장치(Virtual Unreality Machine)에서 벗어나 점심 메뉴로 관심을 돌렸다.

이 특이한 꿈은 너무도 생생해서 꿈이라는 생각이 들지 않을 정도였다. 우리는 이미 '정상적인' 공간 속에서 여러 가지 사건을 시뮬레이트(모의실험)하는 가상 현실이라는 장치를 가지고 있다. 내가 이 꿈에 가상 '비현실'이라는 이름을 붙인 이유는, 그 꿈이 풍부한 수학적 상상력에 의해 창조될 수 있는 것이라면 무엇이든지 모의실험할 수 있기 때문이다. 가상 비현실 장치의 거의 모든 부분들이 이미 존재한다. 어떤 기하학적 도형이든 그 도형 속 구석구석을 들여다볼 수 있게 해 주는 컴퓨터 그래픽 소프트웨어, 어느 특정 방정식의 진화하는 상태들을 추적할 수 있는 동역학적 계(dynamical-system)의 소프트웨어, 그리고 사람 대신 끔찍스러울 만큼 복잡한 계산을 해 주는 기호 대수학 소프트웨어도 개발되어 있다. 이제 수학자들이 자신들의 창조물 속으로 들어가게 되는 것도 시간 문제인 셈이다.

그러나 이런 기술들이 아무리 대단하다 해도 내 꿈을 실현시키기 위해 굳이 그런 기술들의 힘을 빌릴 필요는 없다. 그 꿈은 더 이상 꿈이 아니라 모든 수학자들의 머릿속에 들어 있는 현실이기 때문이다. 이것은 수학적인 창조 작업을 하고 있을 때 여러분이 갖게 되는 느낌이다. 나는 거기에 약간의 시적(詩的) 파격을 가했다. 수학자의 세계에서 발견되는 대상들은 일반적으로 색보다는 기호와 명칭으로 분간된다. 그러나 그런 명칭들도 수학이라는 세계에 거주하는 사람들에게는 색깔만큼이나 생생하다. 사실 그 화려한 이미지에도 불구하고, 내 꿈은 모든 수학자들이 살고 있는 상상의 세계 ― 휘어진 공간, 또는 3차원을 넘어선 차원의 공간이 일상적일 뿐 아니라 거역할 수 없기도 한 ―의 창백한 그림자에 불과하다. '수학'이라는 말만 나오면 마치 주문처럼 떠오르는 대수 기호들이 모두 사라진 그런 이미지는 여러분에게 몹시 낯설고 이상하게 느껴질지도 모른다. 수학자들은 자신들의 세계를 다른 사람들에게 전달하기 위해서 ― 심지어는 수학자들 사이에서도 ― 항상 문자나 기호, 또는 그림을 사용하도록 강요받고 있다. 그러나 음표가 음악이 아니듯, 수학 기호도 그 자체는 수학이 아니다.

수세기에 걸쳐 수학자의 집단 정신은 자신들의 우주를 창조해 왔다. 나는 그 우주가 어디에 있는지 알지 못한다. 더욱이 나는 상식적인 의미에서 '어디'라는 것이 존재하는지조차 알지 못한다. 그러나 나는 여러분에게 이 수학적 우주가 여러분이 몸담고 살고 있는 우주만큼이나 실재적임을 분명하게 이야기할 수 있다. 그리고 그 특수성에도 불구하고, 바로 그 특이함 때문에 수학의 세계라는 정신적인 우주는 인류에게 우리를 둘러싸고 있는 세계에 대한 가장 심오한 통찰을 제공해 왔다.

이제부터 나는 여러분을 수학이라는 우주를 탐사하는 여행에 초대하려고 한다. 나는 여러분을 수학자의 눈으로 무장시키려고 할 것이다. 그리고 그 과정에서 주위와 세계를 바라보는 여러분의 시각, 즉 세계관을 바꾸기 위해 최선을 다할 것이다.

이언 스튜어트

NATURE'S NUMBERS

자연의 패턴

차례

옮긴이의 말	패턴을 찾아서	4
머리말	가상 비현실 장치의 꿈	8
	1 ǀ 자연의 질서	17
	2 ǀ 수학의 쓸모	35
	3 ǀ 수학의 대상	65
	4 ǀ 변화의 상수	91
	5 ǀ 바이올린에서 비디오까지	113
	6 ǀ 대칭 붕괴	133
	7 ǀ 생명의 리듬	165
	8 ǀ 신과 주사위	187
	9 ǀ 물방울, 동역학 그리고 데이지꽃	221
맺음말	형태 수학	248
참고 문헌		258
찾아보기		261

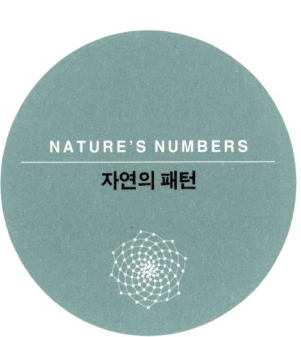

NATURE'S NUMBERS
자연의 패턴

1
자연의 질서

우리는 패턴의 우주 속에 살고 있다. 매일 밤마다 별들은 원호(圓弧)를 그리며 하늘 이편에서 떴다가 저편으로 진다. 어지럽게 떨어져 내리는 무수한 눈송이들 중에서 정확히 똑같은 모양을 한 것은 단 하나도 없다. 그러나 눈송이는 모두 6겹 대칭(sixfold symmetry)이다. 호랑이와 얼룩말은 줄무늬를 가지고 있고, 표범과 하이에나는 점박이 무늬를 하고 있다. 바다의 해수면에서는 복잡한 파도가 이리저리 뒤얽히고, 사막에서는 비슷비슷한 사구(砂丘, 모래 언덕)들이 행진하듯 줄지어 있다. 비온 후 하늘 한편에는 색색의 무지개가 나타나고, 겨울 밤하늘에서는 달 주위를 어슴푸레하게 물들이는 둥글고 밝은 달무리를 볼 수 있다. 그리고 구름에서는 둥근 공 모양의 빗방울이 떨어져 대지를 적신다.

인간 정신과 문화는 이런 숱한 패턴들을 인식하고, 분류하고, 이용하는 정형화된 사고 체계를 발전시켜 왔다. 우리는 그것을 수학이라는 이름으로 부른다. 우리는 패턴에 대한 우리의 개념을 조직하고 체계화시키는 과정에 수학을 이용하면서 엄청난 비밀을 발견해 왔다. 그 비밀이란 자연의 패턴이 그저 그 자리에 존재하면서 우리의 칭송을 받는 대상에 그치는 것이 아니라, 자연 현상과 과정을 지배하는 규칙들을 알아낼 수 있는 중요한 단서라는 사실이다. 약 400년 전에 독일의 천문학자 요하네스 케플러(Johannes Kepler)는 자신에게 연구비를 대주는 후원자에게 주는 선물로 『6각 눈송이(The Six-Cornered Snowflake)』라는 제목의 작은 책을 썼다. 그 책 속에서 케플러는, 눈송이가 작고 동일한 단위들을 하나로 결합하는 과정에서 그런 모습을 하게 되었을 것이라고 주장했다. 당시는 물질이 원자로 이루어져 있다는 이론이 일반적으로 받아들여지기 훨씬 전이었다. 케플러는 아무런 실험도 하지 않았다. 단지 여러 가지 상식과 흔한 지식을 한데 모아 추측했을 뿐이었다. 그의 생각을 뒷받침하는 주된 근거는 눈송이의 6겹 대칭이었다. 그것은 규칙적인 밀집(packing)에 의한 자연적인 결과였다. 가령 책상 위에 같은 크기의 동전들을 여러 개 올려놓고, 그 동전들이 가능한 한 가깝게 밀집되도록 만들면 자연히 벌집 모양의 배열을 이루게 될 것이다. 그 배열 속에서 동전들은——가장자리에 있는 동전들을 제외하고——여섯 개의 다른 동전에 둘러싸이게 될 것이다. 완전한 육각형인 것이다.

밤하늘 별들의 움직임도 단서를 제공해 준다. 이번에는 지구가 자전하고 있다는 사실에 대한 단서이다. 파동이나 사구 또한 물이나 모래, 그리고 공기의 흐름을 지배하는 법칙들에 대한 단서를 준다. 호랑이의 줄무늬와 하이에나의 점박이 무늬도 생물학적 형태와 생물의 성장에 감춰진 수학적 규칙성을 입증하는 것이다. 무지개는 빛의 분산을 이야기해 주고, 물방울이 구형(球形)임을 간접적으로 입증해 준다. 달무리 또한 우리에게 얼음 결정의 형태에 대한 단서를 준다.

자연이 우리에게 주는 단서들 중에서 우리는 무수히 많은 아름다움을 발견할 수 있다. 수학적 훈련을 전혀 받지 않은 사람도 그런 아름다움을 알아볼 수 있다. 그런 단서들에서 출발해서 그 속에 내재한 법칙과 규칙성을 연역해 내는 과정 자체에도 아름다움이 깃들여 있다. 그러나 그것은 사물이라기보다는 개념들에 적용되는 다른 종류의 아름다움이다. 명탐정 셜록 홈스가 증거를 모든 것의 출발점으로 삼듯이, 수학은 자연을 그 근거로 삼는다. 소설 속의 홈스는 담배꽁초 하나를 발견하는 것만으로도 그 담배를 피웠던 사람의 나이, 직업, 재정 형편 등을 추론해 낼 수 있다. 그런 일에 그다지 능하지 못한 그의 파트너 왓슨은 홈스가 완벽한 논리의 사슬을 드러내 보일 때까지 경이에 찬 눈빛으로 그의 작업을 지켜볼 뿐이다. 눈송이가 육각형이라는 증거를 토대로 수학자들은 얼음 결정의 원자적 기하를 추론할 수 있다. 만약 여러분이 왓슨이라면 그런 수학자의 추론은 전혀 이해할 수 없을 정도로 신기한 일일 것이다. 그러나 나는 여러분에게 왓슨이 아닌 셜록 홈스가 된 기분을 맛보게 해 주고 싶다.

패턴들은 아름다울 뿐 아니라 유용하다. 일단 우리가 기본적인 패턴을 식별하는 방법을 배우기만 하면, 그런 배경에서 벗어나는 예외들은 두드러지게 드러날 것이다. 원을 그리며 움직이는 항성들의 배경에 전혀 다른 방식으로 움직이는 얼마 안 되는 숫자의 별들이 관심 있게 관찰하는 사람들의 눈에는 금세 띄게 마련이다. 그리스 인들은 그런 천체들을 플라네테스(planetes)라고 불렀다. 그것은 '떠돌이'를 뜻하는 말로, 오늘날 사용되는 행성(行星, planet)

이라는 용어는 거기에서 유래되었다(항성은 붙박이별, 행성은 떠돌이별을 뜻한다.—옮긴이). 행성들의 패턴을 이해하는 데는 밤하늘에서 항성들이 원을 그리며 움직이는 이유를 알아내는 것보다 더 오랜 시간이 걸렸다. 그 이유 중 하나는 우리가 태양계 속에서 천체를 관찰하고 있으며, 태양계 자체가 움직이고 있다는 점이다. 따라서 태양계 바깥에서라면 훨씬 쉽게 알아낼 수 있는 문제도 그 속에서는 무척이나 복잡하게 느껴지는 것이다. 이 행성들이 중력과 운동법칙의 뒤편에 숨어 있는 규칙들에 대한 단서를 준다.

우리는 끊임없이 새로운 종류의 패턴들을 배워 나간다. 인류가 프랙털과 카오스(혼돈)라 불리는 두 가지 패턴을 처음 인식하게 된 것은 불과 30년 전의 일이었다. 프랙털은 점점 더 미세한 구조로 스스로를 복제해 나가는 기하학 도형이다. 나는 이 장의 뒷부분에서 프랙털에 대해 짤막하게 소개할 것이다. 카오스란 그 본질은 전적으로 결정론적임에도 외면적으로는 임의적인 것처럼 보이는 현상을 가리킨다. 이 주제는 8장에서 다루게 될 것이다. 자연은 이미 수십억 년 전부터 이 패턴을 알고 있었다. 구름의 모습이 프랙털이고 날씨의 변화가 카오스 그 자체이기 때문이다. 그렇지만 사람들이 그것을 알아차리기까지는 상당한 시간이 필요했다.

가장 간단한 수학적 대상은 수(數)이다. 그리고 가장 단순한 자연의 패턴도 수적(數的)이다. 달의 상(相) 변이는 초승달에서 시작해서 보름달에 이르러 그 주기가 완성된다. 1년은 대략 365일이다. 사람은 다리가 둘이고 고양이는 넷, 거미는 여덟이다. 불가사리는 팔이 다섯이고(물론 종에 따라서는 10, 11, 심지어는 17개나 되는 종류도 있다.), 클로버는 대개 잎이 셋이다. 네잎 클로버가 행운을 준다는 미신은 패턴에서 나타나는 예외가 특수하다는 사실을 반영하는 것이다. 실제로 꽃잎에서는 매우 신기한 패턴들이 나타나곤 한다. 거의 모든 꽃들의 꽃잎은 3, 5, 8, 13, 21, 34, 55, 89, … 식의 기묘한 순열을 이루고 있다. 예를 들어 백합은 꽃잎이 3장이다. 미나리아재비는 5장, 참제비고깔은 대개 8장, 금잔화는 13장, 애스터(국화과의 식물 — 옮긴이)는 21장, 그리고 데이지는 대개 34, 55 또는 89장의 꽃잎이 달려 있다. 직접 뜰이나 들판에 나가 여러 가지 꽃들의 꽃잎을 세어 보면, 지금까지 예로 든 숫자 이외의 다른 숫자들은 찾을 수 없을 것이다. 이런 꽃잎의 숫자에는 분명한 패턴이 있다. 그러나 그 패턴에 숨어 있는 진실을 알아내려면 약간의 노력이 필요하다. 각각의 수는 그보다 앞선 2개의 수를 더하면 얻을 수 있다. 예컨대 3+5=8, 5+8=13, … 이런 식으로 계속된다. 우리는 해바라기에 들어 있는 씨앗의 나선형 패턴에서도 그와 똑같은 숫자를 발견할 수 있다. 사람들은 이미 수세기 전부터 이 특수한 패턴에 주목했고, 그 발견 이래 계속 연구가 이루어졌다. 그러나 1993년에야 그 숫자들의 패턴에 대해 분명하게 설명할 수 있었다. 이 이야기는 9장에서 자세히 하기로 하자.

수비학(數秘學)은 이런 수의 패턴을 찾아내는 가장 쉬운──따라서 가장 위험한──방법이다. 그것이 쉬운 이유는 누구든지 수비학을 사용할 수 있기 때문이다. 그것이 위험한 이유 또한 마찬가지이다. 수의 패턴을 찾기 어려운 이유는, 우연한 숫자의 배열 속에서 의미를 가진 중요한 패턴을 분간해 내야 하기 때문이다. 한 가지 역사적인 예를 들어 보기로 하자. 케플러는 자연 속의 수학적 패턴에 매료되었다. 그는 행성의 운동에서 일정한 패턴을 찾아내는 데 거의 평생을 바쳤다. 그는 정확히 6개의 행성(당시에는 수성, 금성, 지구, 화성, 목성, 토성만이 알려져 있었다.)이 존재한다는 사실에 부합되는 단순 명쾌한 이론을 고안해 냈다.(케플러는 자신의 이론에 '코스모스의 신비'라는 이름을 붙였다고 한다.──옮긴이) 그밖에도 그는 한 행성이 태양 주위를 공전하는 궤도 주기(orbital period)──그 행성이 태양을 한 바퀴 공전하는 데 걸리는 시간──와 태양까지의 거리와 연관된 매우 특이한 패턴을 발견했다. 우리는 어떤 숫자에 같은 숫자를 곱하면 그 숫자의 제곱을 얻을 수 있다는 사실을 알고 있다. 예를 들어 4의 제곱은 $4 \times 4 = 16$이다. 마찬가지로 세제곱은 어떤 숫자에 같은 숫자를 두 번 곱하면 얻을 수 있다. 예컨대 4를 세제곱하면 $4 \times 4 \times 4 = 64$이다. 케플러는 어떤 행성에서 태양까지의 거리를 세제곱한 값을 구한 다음, 그 숫자를 궤도 주기의 제곱으로 나누면 항상 같은 숫자를 얻을 수 있다는 사실을 발견했다. 그렇다고 그 숫자가 특별히 고상한 숫자는 아니었다. 그렇지만 6개의 행성에서 그 숫자는 항상 같았다.

이 두 가지 수비학적 관찰 중에서 어느 쪽이 더 중요할까? 후손들의 선택은 두 번째, 제곱과 세제곱을 이용한 훨씬 복잡하고 임의적인 성격이 강한 발견이었다. 그 수비학적 패턴의 발견은 아이작 뉴턴의 중력 이론을 향한 길을 열었다. 그와는 대조적으로 행성들의 숫자에 관한 케플러의 명쾌하고 확실한 이론은 오늘날 사람들의 머리에서 잊혀져 흔적조차 찾을 수 없다. 오늘날 우리는 행성들의 숫자가 여섯이 아니라 아홉이라는 사실을 알게 되었다. 따라서 그의 이론은 완전히 잘못되었다. 실제로는 태양에서 더 멀리 떨어진 다른 행성들이 있었고, 그의 시대에는 관찰할 수 없을 만큼 작은 행성들(소행성—옮긴이)도 있었다. 그러나 그보다 더 중요한 사실이 있다. 우리는 더 이상 행성들의 숫자와 관련된 명확하고 단순한 이론을 발견할 수 있으리라고 기대하지 않는다. 우리는 태양계가 태양 주위의 가스 구름이 응축되면서 생성되었다고 생각한다. 그리고 행성들의 수는 그 가스 구름 속에 얼마나 많은 양의 물질이 들어 있었는지, 그 물질들의 분포 상태가 어떠했는지, 어떤 속도로 어느 방향으로 움직였는지 등의 요인에 따라 달라졌다고 생각한다. 그 속에서 8개 혹은 11개의 행성들이 생성되었을 가능성은 충분히 있다. 행성들의 숫자는 지극히 임의적으로, 그 가스 구름의 최초의 조건(초기 조건)에 따라 달라지는 것이다. 다시 말해서 태양계 행성의 숫자가 결정되는 것은 자연의 일반 법칙을 반영하는 보편성에 따라서가 아니라는 뜻이다.

수비학적 패턴 찾기(pattern-seeking)의 가장 큰 문제는, 일반적인 패턴 속에 수백만 개나 되는 우발적인 패턴들이 나타난다는 점이다. 더구나 무엇이 일반적이고 무엇이 우발적인 것인지 항상 확실하게 드러나지도 않는다. 직선 위에 대략 비슷한 간격으로 놓여 있는 오리온자리에서 오리온의 허리띠에 해당하는 세 항성을 보기로 들어 보자. 그것이 자연의 법칙에 대한 중요한 단서를 주는 것일까? 이오, 유로파, 가니메데는 목성의 가장 큰 세 위성이다. 이들은 각기 1.77, 3.55, 그리고 7.16일에 한 번씩 목성 주위를 돈다. 세 숫자는 각기 앞의 숫자의 거의 두 배에 가깝다. 그렇다면 이것도 중요한 뜻을 지닌 패턴일까? 위치의 면에서 '한 줄로 늘어선' 세 항성들, 그리고 궤도 주기라는 측면에서 '한 줄로 늘어선' 세 위성들이 어떤 의미를 가지는 것일까? 만약 어떤 의미가 있다면 어느 쪽 패턴이 중요한 단서일까? 여러분에게 잠시 이 문제를 생각할 여유를 주겠다. 이 문제에 대해서는 다음 장에서 다시 다루기로 하자.

수의 패턴 이외에 기하학적 패턴도 있다. 그런 면에서 이 책에 정확한 제목을 붙인다면 '자연의 수와 도형'이 되었어야 할 것이다. 그런데도 제목을 그렇게 붙이지 않은 데 대해 두 가지 변명을 하겠다. 첫째, 그렇게 하면 제목이 너무 길어진다. '자연의 수와 도형'보다는 '자연의 수'가 훨씬 간단하다.(이 책의 원리는 Nature's Numbers이다.—옮긴이) 둘째, 수학 도형은 언제나 수로 환원시킬 수 있다. 컴퓨터가 그래픽을 처리할 수 있는 것은 바로 그 때문이다. 그림을 구성하는 모든 점(畫素)들은 한 쌍의 수로 바꾸어서 저장할 수 있다. 그 점이 화면 오른쪽에서 시작해서 왼쪽으로 어느 정도

떨어져 있는지, 그리고 화면 맨 아래쪽에서 얼마만큼 떨어져 있는지를 두 개의 숫자로 표시하는 것이다. 이 한 쌍의 숫자를 그 점의 좌표라고 부른다. 그렇지만 그림은 어디까지나 그림으로 생각하는 편이 낫다. 그림이나 도형은 우리의 강력하고 직관적인 시각 능력을 십분 활용하기 때문이다. 복잡한 숫자들은 우리가 훨씬 자신 없어 하고 골치를 썩여야 하는 기호적 능력을 필요로 한다.

최근에 이르기까지 수학자들의 관심을 끈 주요한 도형들은 아주 간단한 것들이었다. 삼각형, 사각형, 오각형, 육각형, 원, 타원, 나선형, 정육면체, 구, 원뿔 등이 그것이었다. 이런 도형들은 모두 자연 속에서도 찾아볼 수 있다. 물론 그중 일부는 다른 것들보다 훨씬 흔하고 분명한 모습으로 나타나지만 말이다.

일례로 무지개는 제각기 다른 색을 띠는 원들의 집합이다. 우리는 그 원의 전체를 보지 못한다. 그러나 하늘에서 내려다본다면 완전한 원을 이루고 있는 무지개를 볼 수 있다. 또한 연못 위에 돌멩이를 던져도 원 모양으로 퍼져 나가는 파문을 볼 수 있다. 그 밖에도 사람의 눈, 나비의 날개 속에서도 여러 가지 원을 찾아볼 수 있다.

파문에 대해 이야기가 나왔으니 하는 말이지만, 유체의 흐름은 우리에게 무궁무진하게 많은 자연의 패턴을 제공해 준다. 파동(波動)에는 무수한 종류가 있다. 줄을 이어 해변으로 밀려오는 파도, 시원하게 내달리는 보트의 뒷전에 생기는 V자 모양의 파도, 해저에서 일어난 지진으로 인해 방사상으로 퍼져 나가는 파도 등등 이루 헤아릴 수 없을 정도이다. 대부분의 파동은 군거성(群居性) 생물처럼 무리를 지어 나타나곤 하지만, 강으로 밀려오는 조수의 에너지가 운하 같은 좁은 수로 속에 갇혀 강을 온통 휩쓸어 버리는 해일처럼 단독으로 나타나는 파동(고립파)도 있다. 그리고 나선을 그리면서 빨려 들어가는 소용돌이와 같은 패턴도 있고, 겉보기로는 아무런 구조도 없이 제멋대로 부글거리는 것처럼 보이는 난류도 있다. 이 난류는 수학자와 물리학자 들에게 가장 큰 수수께끼이다. 대기 중에도 이와 유사한 패턴들이 있다. 그중에서 가장 극적인 것은 지구 궤도를 선회하는 우주 비행사의 눈에 비친 태풍의 거대한 나선 구조이다.

물이나 대기 중에만 이런 패턴이 있는 것은 아니다. 땅에도 여러 가지 파동의 패턴이 존재한다. 지구상에서 가장 놀라운 수학적 풍경은 거대한 '에르그(erg, 사구가 파도 모양으로 이어지는 광대한 사막─옮긴이)'일 것이다. 사하라 사막이나 아라비아 사막에서 이런 에르

그를 찾아볼 수 있다. 바람이 일정한 방향으로 계속 불 때에도 사구가 생겨난다. 가장 간단한 패턴은——마치 바다의 파도처럼——탁월풍(卓越風)의 방향에 대해 직각으로 줄을 지어 늘어서는 횡파(橫波) 사구이다. 때로는 열 자체가 요동을 치기도 한다. 이런 경우를 바르한 리지(barchanoid ridge, 초승달꼴 사구가 이어진 지형)라고 부른다. 어떤 때에는 대열을 흩뜨려서 마치 적을 막은 방패처럼 생긴 무수한 초승달꼴 사구로 모습을 바꾸기도 한다. 이때 모래에 습기가 좀 있고 작은 식물들이 있어 모래를 결합시켜 주면 우리는 포물선형 사구를 볼 수 있다. 이것은 영어 알파벳 U자 모양을 하고 있으며, 둥근 끝 쪽이 바람의 방향을 향한다. 이런 패턴은 때로 여러 개가 한데 모여 나타난다. 이런 경우에 그 패턴들은 마치 갈퀴의 날처럼 보인다. 바람의 방향이 일정하지 않고 수시로 바뀔 때에는 다른 형태가 나타날 수도 있다. 일례로 별처럼 생긴 사구들의 무리는 가장 높은 중심점에서 방사상으로 퍼져 나가는 여러 개의 불규칙한 팔들을 가지고 있다. 이 사구들은 마치 임의적으로 찍어 놓은 점처럼 늘어선다.

줄과 점에 대한 자연의 선호는 동물계에까지 확장된다. 호랑이와 표범, 얼룩말과 기린에게서 우리는 같은 경향을 엿볼 수 있다. 동물과 식물의 갖가지 모습과 무늬(패턴)는 수학자의 마음을 지닌 사람의 눈에는 지극히 즐거운 사냥터이다. 예를 들어 왜 그토록 많은 조개들이 나선형 구조를 하고 있을까? 불가사리의 팔이 대칭을 이루는 까닭은 무엇인가? 가장 두드러진 형태인 20면체──똑같은 삼각형 20개로 이루어져 있는 규칙적인 입체──를 포함해 무수한 바이러스들이 규칙적인 기하학 형태를 갖는 이유는? 그리고 대부분의 동물들이 좌우 대칭인 까닭은? 그런데 동물들을 좀 더 자세히 들여다보면 그 대칭성이 완전하지 않은 이유는 또 무엇일까? 알기 쉬운 예가 정중앙에서 약간 왼쪽으로 치우친 심장의 해부학적 위치와 머릿속에 있는 두 대뇌 반구 사이에서 나타나는 기능의 차이이다. 또한 대부분의 사람들이 오른손잡이지만 왼손잡이도 있는 것은 왜일까?

형태에서 찾아볼 수 있는 패턴 이외에도 운동의 패턴이 있다. 우리는 걸음을 걸을 때 규칙적인 리듬으로 지면을 딛는다. 왼쪽, 오른쪽, 왼쪽, 오른쪽, 왼쪽, 오른쪽……. 그렇지만 말처럼 네 발로 걷는 동물의 걸음에는 그보다 훨씬 더 복잡하면서도 균형적인 리듬 패턴이 들어 있다. 운동이나 이동에서 사용되는 이 보편적인 패턴은 곤충들의 재빠른 발 움직임이나 새들의 날갯짓, 해파리의 추진 방법, 그리고 물고기나 벌레 또는 뱀에서 볼 수 있는 파동과 같은 움직임에서도 나타난다. 사막에 사는 방울뱀의 일종은 나선형으로 감겨진 용수철처럼 이동한다. 뜨거운 모래와의 접촉을 가능한 한 줄이기 위해서 S자 모양으로 몸을 전진시키는 것이다. 눈에 보이지 않는 미세한 박테리아는 현미경으로나 볼 수 있는 극미한 나선형 꼬리를 이용해서 앞으로 이동한다. 그 꼬리는 마치 배의 스크루처럼 회전한다.

마지막으로 또 다른 자연의 패턴이 있다. 그 패턴은 극히 최근에서야 사람들의 상상력을 사로잡기 시작했지만 무척 흥미롭다. 거기에는 우리가 이제 막 식별 요령을 터득한 패턴들이 포함되어 있다. 그것은 우리가 흔히 임의적이고 형태가 없다고 생각하는 것에 존재하는 패턴이다. 일례로 구름의 모습을 생각해 보라. 물론 기상학자들은 구름을 서로 다른 여러 가지 형태학적 집단——권운(卷雲), 층운(層雲), 적운(積雲) 등——으로 분류한다. 그러나 이런 분류는 형태에서 나타나는 지극히 일반적인 유형에 대한 것일 뿐 우리에게 익숙한 수학적 또는 기하학적 형태로 인식하는 것은 아니다. 여러분은 구처럼 생긴 구름이나 정육면체, 또는 정이십면체처럼 생긴 구름을 본 적이 없을 것이다. 구름은 뚜렷한 형태가 없고,

지극히 성긴 희미한 물체이다. 그러나 구름에도 매우 분명한 패턴, 일종의 대칭성이 있다. 그것은 구름이 형성되는 과정의 물리학과 밀접한 관련이 있다. 그 기본 원리는 다음과 같다. 여러분은 구름을 바라보면서 그 크기가 어느 정도인지 말할 수 없을 것이다. 만약 코끼리를 본다면 대략 그 크기를 말할 수 있을 것이다. 집채만 한 크기의 코끼리가 있다면 자체 무게 때문에 제대로 서 있지도 못할 것이다. 만약 쥐만 한 코끼리가 있다면 쓸데없이 굵은 다리를 가지고 있는 셈이 될 것이다. 그렇지만 구름의 경우는 전혀 다르다. 먼 곳에서 바라본 커다란 구름과 가까운 곳에 있는 작은 구름은 서로 바꾸어 놓아도 전혀 문제가 되지 않는다. 물론 그 구름들의 모습은 서로 다를 수 있다. 그러나 크기를 비교하는 방법으로 그 차이를 식별할 수는 없다.

구름의 형태에서 볼 수 있는 이 '척도로부터의 독립성(scale independence)'은 수천 가지나 되는 요인들에 따라 그 크기가 달라지는 구름들을 통해 실험적으로 검증되었다. 약 1킬로미터에 걸쳐 퍼져 있는 구름 조각들이 우리 눈에는 마치 1,000킬로미터나 되는 것처럼 보인다. 여기에서도 패턴이 그 단서이다. 구름은 물이 기체에서 액체로 '상변이(相變移, phase transition)'를 일으킬 때 생성된다. 물리학자들은 이와 비슷한 유형의 척도 불변성(scale invariance)이 상변이와 밀접하게 연관된다는 사실을 발견했다. 실제로 이런 통계적인 '자기 유사성(self-similarity)'은 자연에서 나타나는 그 밖의 여러 가지 형태에까지 확장된다. 유전(油田)의 지질학을 연구하는 스웨덴의 한 동료는 자기의 친구가 보트 안에 앉은 채 아무렇지도 않게 옆구리를 암초에 기대고 있는 장면을 찍은 슬라이드를 보여 주기를 좋아했다. 그 사진은 매우 훌륭한 작품이었다. 그가 탄 보트는 약 2미터 깊이의 바위투성이 도랑의 가장자리에 붙잡아 매어 놓은 것이 분명했다. 실제로 그 암초는 멀리 떨어져 있는 수천 미터나 되는 피오르드(절벽 사이에 깊숙이 들어간 협만)의 옆면이었다. 사진을 촬영한 사람이 풀어야 했던 가장 큰 문제는 앞쪽의 인물과 멀리 떨어진 풍경을 한 장의 사진에 그럴싸하게 담아내는 것이었다.

그렇지만 코끼리를 가지고 이런 장난을 칠 수는 없는 노릇이다.

그러나 산, 이리저리 얽혀 있는 강 나무들, 그리고 전 우주에 물질들이 분포되어 있는 방식 자체를 포함해서 자연의 여러 가지 형태를 통해서 다양한 실험을 할 수 있다. 수학자인 브누아 만델브로(Benoit Mandelbrot)가 만든 유명한 용어를 빌리자면, 그 모두가 프랙털인 것이다. 이 불규칙성의 새로운 과학——프랙털 기하학——

은 불과 15년 전에 시작되었다. 나는 프랙털에 대해서 많은 이야기를 하지 않을 작정이다. 그러나 카오스(혼돈)라 불리는 프랙털을 만들어 내는 역동적인 과정은 중요하게 다루어질 것이다. 새로운 수학 이론의 발전 덕분에 파악하기 힘든 자연의 패턴들이 서서히 그 비밀을 벗기 시작했다. 이미 우리는 지적인 흥미를 자아내는 특성뿐 아니라 그 실질적이고도 실용적인 측면에까지 관심을 기울이고 있다.

    자연의 비밀스러운 규칙성에 대해 우리가 새롭게 얻게 된 이해는, 지금까지 생각해 낼 수 있었던 어떤 방법보다 적은 연료를 들여 인공위성이 새로운 목표지로 방향을 돌릴 수 있게 만들어 주고, 기관차 바퀴나 그 밖의 바퀴들의 마모를 최소한으로 줄일 수 있는 방법을 찾게 해 주었다. 또한 전기 자극으로 심장 박동을 도와주는 페이스메이커의 효율성을 높여 주고, 삼림과 어장의 관리를 효율적으로 만들어 주고, 심지어는 접시를 닦는 자동 세척기의 기능까지 향상시켜 줄 것이다. 그러나 가장 중요한 것은 우리가 새로운 현상에 눈뜨게 됨으로써, 우리가 살고 있는 우주와 그 속에서 우리의 위치에 대해 훨씬 더 심오한 인식과 시각을 얻을 수 있다는 점이다.

2
수학의 쓸모

이제 우리는 자연이 온갖 패턴들로 가득 차 있다는 분명한 증거를 얻었다. 그렇다면 우리는 어떤 목적 때문에 그 패턴들을 필요로 하는가? 그 패턴들을 이용해서 무엇을 할 수 있을까? 우리가 할 수 있는 한 가지 일은 뒤로 물러서서 그 패턴들을 칭송하는 일이다. 그 패턴들은 우리가 누구인지를 일깨워 준다. 그림을 그리고, 조각을 하고, 시를 짓는 것은 이 세계와 자기 자신에 대한 느낌을 표현하는 매우 중요하고도 가치 있는 방법들이다. 기업가의 본능은 어떻게든 자연계를 활용하고 이용하는 것이다. 공학자의 본능은 자연계를 변화시키는 것이다. 과학자의 본능은 자연을 이해하고 자연계가 실제로 어떻게 운행되는지 파악하려고 노력하는 것이다. 그리고 수학자는 분명하게 드러나는 세부적인 부분들을 관통하는 보편성을 찾아서 이해의 과정을 구축하는 것이다. 우리는 아무리 적더라도 누구나 이런 본능이나 직관을 가지고 있다. 그리고 각각의 본능에는 좋은 면과 나쁜 면이 있다.

나는 여러분에게 수학적 본성이 그동안 인류를 위해 어떤 기여를 해 왔는지 보여 주고자 한다. 그러나 우선 인류 문화에서 수학이 어떤 역할을 하는지 살펴보아야 할 것이다.

여러분은 물건을 사기 전에 그 물건을 가지고 무엇을 할 것인지에 대해 분명한 생각을 떠올릴 것이다. 만약 그 물건이 냉장고라면, 당연히 냉장고에 음식을 보관할 생각을 할 것이다. 그러나 상상은 거기서 그치지 않는다. 얼마나 많은 음식을 냉장고에 넣어야 할까? 냉장고를 어디에 놓아야 할까? 그렇지만 이런 종류의 상상이 항상 유용성에만 한정되는 것은 아니다. 가령 벽을 장식할 그림을 사는 경우를 생각해 보자. 여러분은 어디에 그림을 걸 것인지, 그림이 주는 미적 만족감이 그림을 사는 데 들어가는 비용을 상쇄하고도 남을 만큼 가치 있는 것인지를 저울질할 것이다. 수학을 비롯해서 과학·정치·종교 등의 지적 세계관의 경우도 마찬가지이다. 여러분은 물건을 사기에 앞서 왜 그 물건이 필요한가라는 현명한 물음을 제기한다.

그렇다면 우리는 도대체 수학에서 무엇을 얻으려 하는가?

자연의 패턴들은 그 무엇 하나 수수께끼가 아닌 것이 없다. 그것도 하나같이 매우 난해한 수수께끼들이다. 수학은 우리가 이 수수께끼들을 푸는 데 중요한 도움을 준다. 수학은 자연에서 관찰되는 패턴이나 불규칙성 뒤편에 숨어 있는 법칙과 구조를 찾아내는 체계적인 방법이다. 그런 다음에 그 법칙과 구조를 이용해서 거기에서 무엇이 일어나고 있는지 설명하는 것 역시 수학이다. 실제로 수학은 인류가 자연에 대한 이해도를 높여 가는 것과 함께 발전의 길을 걸어 왔다. 그리고 다시 수학이 그런 이해 과정을 한층 높은 수준으로 끌어올렸다. 이렇듯 자연에 대한 이해 수준의 발전과 수학은 떼려야 뗄 수 없는 밀접한 관계를 맺고 있는 것이나. 나는 앞서 눈송이에 대한 케플러의 분석을 소개했다. 그러나 그의 가장 유명한 발견은 행성 궤도의 모양에 관한 것이다. 케플러는 동시대인이었던 덴마크의 천문학자 튀코 브라헤(Tycho Brahe)에 의해 이루어진 천체 관측 자료에 수학적 분석을 가함으로써 행성들이 타원 궤도를 그린다는 결론을 이끌어냈다. 그 타원은 이미 고대 그리스의 기하학자들이 많은 연구를 했던 달걀 모양의 곡선이었다. 그러나 고대의 천문학자들은 천체의 궤도를 기술하는 데 원 또는 원들로 이루어진 체계를 선호했다. 그들은 원이야말로 가장 완전한 것이라고 생각했기 때문이다. 따라서 케플러가 내놓은 새로운 구도도 당시로서는 가히 혁명적인 것이었다.

사람들은 그것이 자신들에게 중요한가라는 척도로 새로운 발견을 해석하게 마련이다. 케플러의 전혀 새로운 개념을 처음 접했을 때 천문학자들에게 떠오른 생각은, 그리스의 고대 천문학자들이 간과했던 개념들이 행성의 운동을 예측한다는 어려운 수수께끼를 푸는 데 도움을 줄 수 있다는 것이었다. 그들은 케플러가 매우 중요한 일보를 내디뎠다는 사실을 쉽게 알아차릴 수 있었다. 일식, 유성우, 혜성과 같은 갖가지 천문 현상들이 모두 같은 종류의 수학을 낳았다. 그러나 수학자들이 받은 메시지는 사뭇 다른 것이었다. 그들은 타원이 매우 흥미로운 곡선이라는 생각을 떠올렸다. 그들은 어렵지 않게 곡선에 대한 일반 이론이 훨씬 더 흥미로울 것임을 알아차렸다. 수학자들은 곡선을 만들어 내는 기하학 법칙을 찾아냈고, 그 법칙을 조금 수정해서 다른 종류의 곡선을 만들었다.

이와 마찬가지로 아이작 뉴턴(Isaac Newton)이 물체의 운동은 그 물체에 가해지는 힘과 그 물체가 받는 가속도 사이의 수학적 관계에 의해 기술된다는 역사적인 발견을 했을 때에도, 수학자와 물리학자들은 전혀 다른 교훈을 얻었다. 그러나 그들이 뉴턴의 대발견에서 각기 어떤 가르침을 받았는지 설명하기 전에 먼저 가속도에 대해서 잠깐 언급해야 할 것 같다. 가속도란 파악하기 힘든 개념이다. 가속도는 길이나 질량처럼 분명한 실체로 파악할 수 있는 기본적인 양(量)이 아니다. 가속도는 변화의 비율, 즉 변화율이다. 그것도 '2차' 변화율이다. 다시 말해서 변화율의 변화율인 것이다. 어떤 물체의 속도는——속도란 그 물체가 특정 방향으로 움직이는 속력을 말한다.——변화율이다. 즉 어느 한 지점에서 그 물체까지의 거리가 변화하는 비율이다. 가령 자동차가 시속 97킬로미터의 일정한 속도로 달린다면, 출발점과 자동차 사이의 거리는 1시간에 97킬로미터의 비율로 멀어질 것이다. 가속도란 이 속도가 변화하는 비율을 말한다. 방금 예로 든 자동차의 속도가 시속 97킬로미터에서 시속 105킬로미터로 바뀌었다면, 그 자동차는 일정량 가속된 것이다. 이때 그 양은 처음 속도와 나중의 속도에 의해서만 결정되는 것이 아니라, 그 속도 변화가 얼마나 빨리 일어났는가에 따라서도 달라진다. 가령 자동차의 속도가 시속 8킬로미터 가속되는 데 1시간이 걸렸다면, 가속도는 매우 작아진다. 그러나 불과

10초 만에 시속 8킬로미터를 가속했다면 가속도는 훨씬 커진다.

이 자리에서는 가속도를 측정하는 방법까지 자세히 다루지는 않겠다. 여기에서 내가 강조하려는 것은 그보다 훨씬 더 일반적인 내용이기 때문이다. 내가 하려는 이야기는 가속도가 변화율의 변화율이라는 사실이다. 여러분은 줄자를 가지고 거리를 잴 수 있다. 그러나 거리의 변화율의 변화율(가속도)을 측정하기는 훨씬 힘들다. 인류가 물체의 운동 법칙을 발견하기 위해서 뉴턴이라는 천재가 태어나기까지 그토록 오랜 시간을 기다려야 했던 이유가 바로 그것이다. 만약 패턴이 거리처럼 단순하고 분명한 특성이었다면, 우리는 운동의 법칙을 훨씬 일찍 알아낼 수 있었을 것이다.

변화율과 관련된 의문을 해결하기 위해서, 뉴턴은——그리고 독일의 수학자 고트프리트 라이프니츠(Gottfried Leibniz) 역시 완전히 독립적으로——새로운 유형의 수학을 발명했다. 그것은 바로 미적분이었다. 미적분은 상징적으로나 실질적으로나 세상을 완전히 바꾸어 놓았다. 그러나 여기에서도 미적분이라는 새로운 발견에 의해 점화된 새로운 개념들은 서로 다른 학문 분야의 사람들에게 서로 다른 영향을 미쳤다. 물리학자들은 새로운 개념을 이용해서 변화율이라는 관점에서 자연 현상을 설명할 수 있는 다른 자연 법칙들을 찾으려고 애썼다. 그 결과 그들은 양동이에 하나 가득 담을 만큼의 풍성한 소득을 얻었다. 열, 소리, 빛, 유체역학, 탄성, 전기, 자기 등이 그런 과정에서 얻어진 수확물들이다. 현대 이론들 중에서 제일 난해한 축에 속하는 소립자 이론은 지금도 가장 일반적인 종류의 수학을 도구로 사용하고 있다. 그러나 그에 대한 해석은 전혀 다르며 그 속에 숨은 세계관 역시 어느 정도 다르다. 그에 비해 수학자들이 발견한 질문들은 전혀 다른 종류의 것들이었다. 가장 먼저 그들은 '변화율'이란 실제로 무엇을 의미하는가라는 질문과 씨름하느라 많은 시간을 보냈다. 움직이는 물체의 속도를 측정하려면 우선 그 물체의 위치를 알아야 하고, 극히 짧은 시간이 흐른 다음 어디로 움직일 것인지를 알아야 하고, 그런 다음 물체가 이동한 거리를 경과 시간으로 나눈다. 그러나 그 물체가 가속되고 있다면, 그 결과는 계산을 위해 사용한 시간 간격에 따라 달라진다. 수학자와 물리학자 들은 이 문제를 해결하는 방법을 찾는 데 같은 직관력을 발휘했다. 다시 말해서 계산을 위해 채택하는 시간 간격은 가능한 한 짧아야 한다는 것이다. 만약 시간 간격을 0으로 할 수 있다면 가장 이상적일 것이다. 그러나 불행하게도 그런 계산은 할 수 없다. 그럴 경우 이동한 거리와 경과한 시간이 모두 0이 되어 변화율은 0/0이라는 아무 의미도 없는 수치가 될 것이기 때문이다. 0이 아닌 시간 간격을 구해야 한다는 주문 속에 들어 있는 가장 큰 문제는, 여러분이 아무리 작은 값을 선택한다 하더라도 항상 그보다 더 작은 값이 존재한다는 점이다. 더 작은 값을 계산에 적용할수록 얻어지는 답은 더 정확해진다. 따라서 여러분은 0이 아니면서 구할 수 있는 가장 작은 시간 간격을 원할 것이다. 그러나 실제로는 그런 시간 간격은 구할 수 없다. 왜냐하면 아무리 작은 값을 취한다 하더라도 그 값이 0이 아닌 한, 그 값의 절반 또한 0이 아니기 때문이다. 따라서 그 시간 간격이 무한히 작아진다면, 즉 '무한소(無限小)'라면 원하는 대로 정확한 계산을 얻을 수 있을 것이다. 그러나 불행하게도 무한소라는 개념에는 매우 어려운 논리적인 역설이 들어 있다. 특히 우리의 논의를 일상적인 의미에서의 수에 한정할 경우, 그런 수는 존재하지 않는다. 지난 200년 동안, 인류는 미적분을 어떻게 받아들여야 할지를 두고 매우 흥미로운 태도를 취해 왔다. 물리학자들은 미적분법을 사용해서 자연을 이해하고 자연의 움직임을 예견하는 데 큰 성과를 보았다. 수학자들은 그것이 실제로 무엇을 의미하는지, 그리고 그것을 잘 정리해서 어떻게 버젓한 수학 이론으로 만들 것인지를 두고 고민했다.

철학자들은 미적분이 실제로는 아무런 의미도 없는 허튼소리에 불과하다고 주장했다. 오늘날 이런 문제들은 모두 말끔히 해결되었지만 여전히 미적분에 대한 태도에는 큰 차이가 존재한다.

 미적분학에 대한 이야기를 꺼낸 이유는 수학의 두 가지 중요한 목적을 잘 보여 주기 때문이다. 첫째, 수학은 과학자들에게 자연의 움직임을 계산할 수 있는 중요한 도구를 제공한다. 둘째, 수학자들이 자기만족을 얻기 위해 매달릴 수 있는 새로운 문제를 제공해 준다. 이것이 수학의 외적 측면과 내적 측면인 것이다. 이런 양 측면은 흔히 응용 수학과 순수 수학이라는 말로 표현되기도 한다(나는 수학 앞에 붙는 그런 수식들을 좋아하지 않는다. 더구나 그런 표현으로 수학을 둘로 나누려는 경향은 더더욱 싫어한다.). 물리학자들은 대체로 이런 생각을 하는 것 같다. 미적분이라는 방법이 유용하다면, 굳이 그것이 어떤 근본적인 원리 때문에 유효한가라는 문제 때문에 골치를 썩일 필요가 어디 있단 말인가? 여러분은 오늘날 자신이 실용주의자라고 자처하는 사람들이 그와 비슷한 심정을 토로하는 것을 들을 수 있을 것이다. 나는 그런 주장이 옳다는 견해를 여러 측면에서 별 불만 없이 수긍할 수 있다. 교량을 설계하는 엔지니어들은 자기들이 사용하는 방법의 근거가 되는 상세하고, 흔히 난해한 증명에 대해서는 알지 못하면서도 거의 규격화된 수학적 방법들을 사용한다. 그렇다 하더라도 그들이 다리를 설계하는 데에는 아무런 문제가 없다. 그렇지만 나는 교량 설계법에 적용된 수학적 방법의 증명에 대해 아무것도 모르는 사람들이 세운 다리 위를 지나게 된다면 아무래도 불안한 느낌을 떨쳐 버릴 수 없을 것이다. 따라서 문화적 측면에서 이야기하자면, 수학은 실용적인 방법들에 대해 우려와 불안감을 가지는 소수의 사람들에게 안도감을 주고, 그들로 하여금 그 방법들이 유효한 근본적인 이유를 파고 들어가도록 부추기는 역할을 해 준다. 수학자들이 하는 일 중 하나가 바로 그런 것이다. 그들은 수학을 즐긴다. 그리고 수학자가 아닌 다른 사람들은 그 결과로 나온 여러 가지 부산물들을 활용하고, 그것을 이용해서 실용적인 일을 하는 것이다. 이 과정에 대해서는 앞으로 살펴보게 될 것이다.

단기적 관점에서 본다면, 수학자들이 미적분의 논리적 타당성에 대해 만족하는가 여부는 별반 중요하지 않다. 그러나 장기적인 안목에서, 이러한 내적 차이에 대한 의구심을 좇는 과정에서 얻어진 새로운 사상과 개념 들은 외부(수학자 이외의) 세계에 무척 유용하다는 사실이 입증되어 왔다. 뉴턴의 시대에 그가 발견한 법칙들이 어떻게 사용될 수 있을지 예측하기란 거의 불가능했다. 그러나 그 시대에조차 머지않아 그 법칙들이 중요한 쓰임새를 얻게 되리라는 것쯤은 예측할 수 있었을 것이다. 수학자와 '실세계' 사이의 관계에서 드러나는 가장 기묘한(동시에 가장 강력한) 특성 중 하나는, 훌륭한 수학은——그 근원이 무엇이든 간에——종내에는 극히 유용함이 입증된다는 사실이다. 왜 그럴 수밖에 없는가에 대해서는, 사람의 정신 구조에서부터 우주가 극히 작은 수학적 조각들에 기초해 만들어졌다는 이론에 이르기까지 온갖 이론들이 있다. 그렇지만 나는 그 이유를 한마디로 간단하게 설명할 수 있다. 즉 수학이 패턴의 과학이며 자연은 존재하는 모든 패턴을 이용한다는 것이다. 나는 자연이 그런 방식으로 움직인다는 설득력 있는 증거를 제시하기가 매우 힘들다는 사실을 인정한다. 이런 문제 제기는 앞뒤가 뒤바뀐 것인지도 모른다. 어쩌면 가장 중요한 점은, 그런 종류의 의문을 가질 수 있는 생물은 그런 구조를 가진 우주에서만 진화할 수 있다는 것인지도 모른다.●

● 이 문제에 대해서는 잭 코언(Jack Cohen)과 이언 스튜어트(Ian Stewart)의 저서 『카오스의 붕괴(The Collapse of Chaos)』를 참조하라.

그 이유가 무엇이든 간에, 수학은 분명 자연에 대한 유용한 사고방식이다. 우리는 수학이 우리가 관찰하는 패턴들에 대해 무엇을 이야기해 주기를 바라는가? 이 물음에 대한 답은 여러 가지이다. 우리는 그런 패턴들이 어떻게 나타나는지, 왜 나타나는지, 그리고 무엇이 다른지를 알고 싶어 한다. 그리고 우리는 아직 드러나지 않은 내재적 패턴들과 규칙성을 가장 바람직한 방식으로 다시 조직하고, 자연이 어떤 움직임을 보일지 예측하고 자연 그 자체를 우리의 목적에 따라 제어하고, 우리가 세계에 대해 배웠던 사실들을 실용적으로 이용하고 싶어 한다. 수학은 이런 모든 일에 있어서 우리를 도와주며, 때로는 돕는 정도가 아니라 없어서는 안 될 존재가 된다.

예를 들어 달팽이 껍데기의 나선 형태에 대해서 생각해 보자. 달팽이가 껍데기를 만드는 방식에는 유전학과 화학이 관여한다. 지나치게 전문적인 이야기를 하지 않더라도, 달팽이의 유전자에는 특정 화학 물질을 만드는 방법과 그 화학 물질들을 어디로 보내라는 명령이 들어 있다. 여기에서 수학은 달팽이의 몸에서 일어나는 여러 가지 화학 반응에 의미를 부여하는 분자적인 부기(簿記)를 만든다. 즉 수학은 달팽이 껍데기에 사용되는 분자들의 원자적 구조를 기술한다. 그리고 달팽이의 약하고 부드러운 몸체에 비해 단단하고 질긴 껍데기의 특성을 기술한다. 사실 수학이 없다면 우리는 물질이 실제로 원자로 이루어져 있는지, 그리고 원자들이 어떤 배열을 하고 있는지를 설득력 있게 설명할 수 없을 것이다. 유전자의 발견 그리고 이후 유전에 관여하는 물질인 DNA 분자 구조의 발견은 수학적인 실마리가 없었다면 이루어지기 힘들었을 것이다. 수도사였던 그레고어 멘델(Gregor Mendel)은 식물을 잡종 교배시켜서 씨앗의 색깔 같은 특성이 나타나는 비율의 변화가 일정한 수적 연관성을 가진다는 사실에 주목했다. 결국 멘델의 이 발견은 유전학에 대한 기본 개념으로 발전하게 되었다. 모든 유기체에는 그 유기체의 몸체를 구성하는 특성들의 계획을 결정하는 유전 인자들의 조합이 암호처럼 들어 있으며, 이 유선 인자들은 부모로부터 자식에게 전달되는 과정에서 뒤섞이고 재조합된다는 것이다. 유명한 DNA의 이중 나선 구조가 발견되기까지 여러 분야의 수학이 중요한 기여를 했다. 그것은 샤르가프의 법칙만큼이나 단순하다. 오스트리아 태생의 생화학자인 에르빈 샤르가프(Erwin Chargaff)는 DNA 분자의 염기 4개가 일정한 비율로 나타난다는 사실을 발견했다. 그것은 회절(回折)의 법칙만큼이나 파악하기 힘든 것이었다. 샤르가프의 법칙은 DNA 결정의 엑스선 사진에서 분자 구조를 추론해 내는 데 사용되었다.

왜 달팽이가 나선 껍데기를 가지는가라는 물음은 상당히 다른 성질을 갖는다. 그 물음은 여러 가지 맥락에서 제기할 수 있다. 가령 생물학적 발생이라는 단기적인 관점에서 물을 수도 있고, 진화라는 더 장기적인 측면에서도 물을 수 있다. 그런데 이 발생론 이야기에서 가장 중요한 점은 나선의 일반적인 형태에 관한 것이다. 기본적으로 발생론 이야기는 언제나 거의 비슷한 과정을 통해 계속 몸집이 커진 생물의 기하학에 관한 것이다. 가령 껍데기의 원형(原形)을 몸에 두르고 있는 작은 동물을 상상해 보라. 그 동물이 점차 몸집이 커지기 시작하면 우선 가장 쉬운 방법으로 껍데기에 싸이지 않은 쪽부터 성장하기 시작할 것이다. 다른 방향으로 몸을 늘이려면 껍데기가 방해가 되기 때문이다. 그러나 조금 성장한 다음에는 껍데기도 크게 늘여야 한다. 자기 보호를 위해서 새로 늘어난 몸의 부분을 덮을 껍데기가 필요하기 때문이다. 따라서 원래의 껍데기 주위에 마치 동그란 고리를 만들듯 새로운 껍데기가 생겨난다. 이런 과정이 되풀이되면서 그 동물은 점점 커지고, 껍데기 가장자리의 크기도 늘어난다. 이 결과로 나타나는 가장 단순한 형태가 삿갓조개에서 볼 수 있는 원뿔형 껍데기이다. 우리는 그 결과로 나타나는 기하학적 구조와 성장 과정에서 개입될 수 있는 모든 종류의 변수들, 예를 들어 성장률, 기형적인 성장 등 사이의 관계를 찾는 데 수학을 사용할 수 있다.

그 대신 진화적인 설명을 원한다면, 껍데기의 강도에 더 많은 관심을 쏟을 수도 있다. 껍데기의 강도는 그 동물이 껍데기를 진화시켜서 얻는 이익이 무엇인지 우리에게 알려 주기 때문이다. 그리고 길고 가느다란 원뿔이 촘촘하게 감겨진 나선형 껍데기보다 강한지 약한지를 계산할 수도 있다. 아니면 좀 더 욕심을 부려 유전자의 임의적인 변화—돌연변이—와 자연선택의 조합이라는 측면에서 진화 과정 그 자체를 수학적 모델로 만들려는 야심적인 시도를 할 수도 있다.

이런 유형의 사고의 가장 괄목할 만한 보기가 다니엘 닐손(Daniel Nilsson)과 수잔 페글레르(Susanne Pegler)가 개발한 눈의 진화에 대한 컴퓨터 시뮬레이션(모의실험)이다. 이 시뮬레이션은 1994년에 발표되었다. 종전까지의 진화론이 동물 형태에서 나타나는 여러 가지 변화를 돌연변이와 돌연변이 중에서 가장 살아남기 유리해서 많은 자손을 번식시킬 수 있는 개체들의 연속적인 선택 과정으로 설명했다는 사실을 상기하라. 찰스 다윈이 이 이론을 발표했을 때 처음 제기된 반론 중 하나는 복잡한 구조(눈과 같은)는 완전히 발달된 형태로 진화하지 않으면 안 된다는 것이었다. 그러지 않으면 제대로 기능을 발휘할 수 없기 때문이다(반쪽짜리 눈은 아무짝에도 쓸모가 없다.). 그러나 이 주장은 임의적인 돌연변이가 복잡한 일련의 변화를 일으킬 수 있다는 사실을 간과하고 있었다. 진화론자들은 즉각 반쪽짜리 눈은 큰 도움이 되지 못할지라도, 절반 진화한 만큼 도움이 된다고 반박했다. 가령 아직 수정체가 만들어지지 않고 망막만 가지고 있는 눈이라도 빛을 감지할 수 있기 때문에 움직임을 포착할 수 있다는 것이다. 이 상태에서 어떤 식으로든 포식자의 접근을 알아차릴 수 있는 정도로 발전한다면, 그런 눈을 가진 동물에게 매우 중요한 진화적 이익을 줄 수 있다. 지금까지 우리는 이론적 주장에 대한 반박으로 역시 이론적인 주장을 폈다. 그러나 최근의 컴퓨터 분석은 이론에서 한 발 더 나아가고 있다.

컴퓨터를 이용한 분석은 세포들로 이루어진 단순한 평면 모형에서 시작된다. 그리고 여러 가지 유형의 '돌연변이'를 허용한다. 가령 일부 세포들은 빛에 대해 더 민감해질 수 있고, 다른 것들은 세포의 모양을 구부러지게 만들 수도 있다. 이런 수학적 모델들이 돌연변이와 비슷한 방식으로 약간의 임의적인 변화를 일으키도록 컴퓨터 프로그램을 작성한다. 그 결과로 나타나는 구조들이 빛의 감지와 패턴의 분해에 얼마나 능한지, 그래서 실제로 '보는' 능력이나 그 밖의 능력을 스스로 향상시키는 쪽의 변화들을 선택하는지를 계산한다. 그리하여 약 400만 년의 기간에 해당하는—장구한 진화적 시간에 비하면 눈 깜짝할 사이에 불과한—시뮬레이션을 통해 세포들이 스스로 구부러져서 홍채(虹彩)와 흡사한 작은 개구부(開口部)를 가진 깊숙한 구형의 공동을 만들고, 나아가 놀랍게도 수정체까지 생성시킨다는 사실을 확인할 수 있었다. 그런데 그뿐이 아니었다. 우리의 눈에 있는 수정체와 마찬가지로 그 수정체의 굴절률은—굴절률이란 빛을 휘게 만드는 정도를 뜻한다.—장소에 따라 달랐다. 실제로 컴퓨터 시뮬레이션에서 나타난 굴절률의 변화 패턴은 우리 자신의 그것과 거의 흡사했다 그림 1. 따라서 이 사례에서 수학은 눈이 점진적으로 그리고 자연적으로 진화할 수 있으며, 진화의 매단계마다 생존에 중요한 가치를 갖는다는 사실을 보여 주었다. 그런데 거기에서 그치지 않는다. 닐손과 펠저의 연구는 주어진 중요한 생물학적 능력(세포의 빛에 대한 수용성, 세포의 운동성 등과 같은), 그리고 눈과 같은 매우 중요한 구조들도

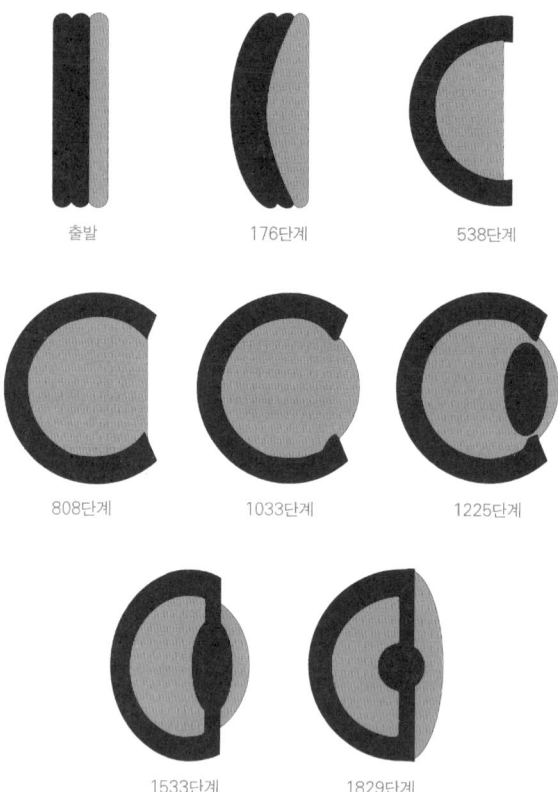

그림 1
눈의 진화에 대한 컴퓨터 시뮬레이션. 시뮬레이션의 각 단계는 생물학적 진화에서 약 200년에 해당한다.

다윈의 자연선택의 원리와 같은 맥락에서 발생한다는 사실을 보여 주었다. 수학적 모델은 다윈주의자들의 이론적인 주장으로는 단지 추측밖에 할 수 없는 사실에 대해 구체적이고도 세부적인 내용들을 숱하게 제공해 준다. 그리고 우리에게 다윈의 진화론이 정당하다는 것을 입증해 준다.

앞에서 나는 내재하는 패턴들과 불규칙성을 가장 바람직한 방향으로 조직해 주는 것이 수학이 가진 또 하나의 기능이라고 말했다. 수학의 이런 측면을 설명하기 위해서 1장에서 제기했던 물음으로 다시 돌아가 보기로 하자. 다음 두 가지 중에서 어느 쪽이 더 중요한가? 오리온자리의 허리띠 부분에 늘어서 있는 세 항성의 패턴인가, 아니면 목성 위성들의 공전 주기 3개에서 나타나는 패턴인가. 답은 오리온이다. 고대 문명은 밤하늘에서 볼 수 있는 많은 별들을 신화에 등장하는 영웅이나 동물의 모습으로 풀이했다. 그런 점에서 오리온자리의 세 항성이 일렬로 늘어선 것은 매우 중요한 셈이다. 그러지 않았다면 그 영웅은 검을 찰 허리띠를 갖지 못했을 테니까 말이다. 그러나 별자리를 찾는 원리로 3차원 기하학을 이용해서 세 항성을 천구의 정확한 위치에 배치한다면, 우리는 그 별들과 지구의 거리가 저마다 다르다는 사실을 발견하게 될 것이다. 그 별들이 일정한 거리로 떨어진 듯이 보이는 것은 우연히 우리가 그 별들을 그런 식으로 볼 수밖에 없는 곳에 있기 때문이다. 실제로 '별자리(constellation)'라는 말은 잘못 붙여진 것이며 '관찰 지점의 임의적인 우연'이라는 말로 고쳐야 할 것이다.

목성의 위성인 이오, 유로파, 가니메데의 공전 주기 사이에서 나타나는 수적 연관성 역시 그저 우연의 결과일 수 있다. '공전 주기'가 자연에서 중요한 의미를 갖는다고 어떻게 확신할 수 있단 말인가? 그러나 그 수적 연관성은 그 역학적 틀과 정확하게 들어맞는다. 그리고 그 사실은 매우 중요하다. 공명(共鳴, resonance)이 그 한 가지 보기이다. 공명이란 주기적으로 움직이며, 그 주기는 닫혀져 있는 천체들 사이의 관계를 가리킨다. 따라서 그 천체들은 항상 서로에 대해 같은 상대적인 위치와 규칙적인 간격을 갖게 된다. 여기에서 공통되는 주기를 그 계(系)의 주기라고 부른다. 이때 개별적인 천체들은 저마다 다른—그러나 상호 연관된—주기를 가질 수 있다.

우리는 이 연관성이 어떤 것인지 밝혀낼 수 있다. 공명이 일어나면, 연관되는 모든 천체들은 전체의 주기가 끝난 후에 반드시 기준 위치로 돌아와야 한다. 그러나 회전수는 천체마다 다를 수 있다. 따라서 특정한 계는 얼마간의 공통 주기를 가지며, 개별 천체들은 공통되는 주기의 공약수를 전체 회전수로 갖게 되는 셈이다. 목성의 경우 공통 주기는 가니메데의 주기인 7.16일이다. 유로파의 주기는 가니메데의 주기의 거의 절반에 가깝다. 그리고 이오의 주기는 그 4분의 1이다. 따라서 이오가 목성 주위를 네 번 도는 동안 유로파는 두 번, 가니메데는 한 번 회전하는 셈이다. 그런 다음 세 위성은 그 전과 상대적으로 동일한 위치로 돌아온다. 이것인 4:2:1의 공명이라 불리는 것이다.

태양계의 역학은 이런 종류의 숱한 공명으로 가득 차 있다. 달의 자전 주기(자전 주기는 다른 천체의 인력으로 발생하는 섭동(攝動) 효과 때문에 조금씩 요동한다.)는 지구 주위를 도는 공전 주기와 같다. 따라서 자전 주기와 공전 주기가 같은 1:1 공명인 셈이다. 우리가 지상에서 항상 달의 같은 면만을 보게 되며 '반대쪽'을 볼 수 없는 것은 바로 이 공명 때문이다. 수성은 58.65일에 한 차례 자전하며 태양 주위를 87.97일에 한 바퀴 공전한다. $2 \times 87.97 = 175.94$, 그리고 $3 \times 58.65 = 175.95$이다. 따라서 수성의 자전 주기와 공전 주기 사이에는 2:3의 공명이 성립한다(오랫동안 수성의 자전과 공전은 모두 대략 88일로 1:1 관계라고 믿어져 왔다. 수성이 워낙 태양에 바싹 붙어 있어서 관측이 매우 힘들었기 때문이다. 그 때문에 수성의 한쪽 면은 상상할 수 없을 만큼 뜨겁고 반대쪽 면은 무척 온도가 낮을 것으로 추측되었지만 결국 사실이 아님이 밝혀졌다. 그렇지만 수성에도 분명 공명이 있고 자전과 공전이 같지 않다는 사실은 더 흥미롭다.).

화성과 목성 사이에는 수천 개나 되는 작은 행성들로 이루어진 띠 모양의 넓은 영역인 소행성대가 펼쳐져 있다. 소행성들은 균일하게 분포하지는 않지만, 태양에서 일정 거리 떨어진 곳에 소행성의 '대(帶, beltlets)'를 이루고 있다. 이 일정 거리 이외의 곳에서는 아무것도 발견하지 못한다. 그 사실은——두 가지 모두——목성과의 공명으로 설명할 수 있다. 소행성대의 하나인 '힐다 그룹(Hilda group)'은 목성과 2:3의 공명 관계에 있다. 다시 말해서 그 소행성들이 목성과 정확한 거리를 유지하고 있기 때문에, 목성이 태양 주위를 두 차례 공전하는 동안 힐다 그룹에 속하는 소행성들은 태양을 세 차례 공전한다. 가장 주목할 만한 간격은 2:1, 3:1, 4:1, 5:2, 그리고 7:2 공명이다. 여러분은 그 공명이 천체들의 무리와 그 사이의 공백도 설명할 수 있을 것이라고 생각할지 모른다. 모든 공명은 제각기 고유한 역학을 가지고 있기 때문이다. 어떤 것은 천체들을 마치 포도송이처럼 무리짓게 만들고, 다른 공명은 그 반대의 현상을 일으킨다. 그 모든 것이 정확한 수와 연관된다.

수학의 또 다른 기능은 예측이다. 천체의 움직임에 대한 이해를 통해 천문학자들은 일식과 월식 현상, 그리고 혜성이 주기적으로 지구 근처로 돌아온다는 사실을 깨닫게 되었다. 그들은 실측을 통해 태양 뒤쪽으로 들어간 소행성이 다시 나오는 것을 발견하려면 어디에 망원경의 초점을 맞추어야 하는지 알아냈다. 밀물과 썰물이 일어나는 이유가 주로 지구에 대한 태양과 달의 상대적인 위치 변화 때문임을 알아낸 과학자들은 몇 년 앞서 조수간만을 예측할 수 있었다(이런 예측을 할 때 하는 가장 복잡한 요인들은 천문학적인 것이 아니라, 대륙의 형태와 바다의 깊이 같은 지질학적 요소였다. 그러나 지형이나 해저의 윤곽은 수세기가 지나도 변하지 않고 그대로 유지된다. 따라서 일단 그런 요소들이 조수간만에 미치는 영향을 이해하게 되자, 그 영향을 감안해서 예측치를 보정할 수 있게 되었다.). 그와는 대조적으로 기상 예측은 훨씬 더 어려웠다. 우리는 밀물과 썰물의 수학에 대해 알고 있는 것만큼 기상의 수학에 대해서도 많은 것을 알고 있다. 그러나 기상은 본질적으로 예측 불가능성이라는 성질을 가지고 있다. 그럼에도 불구하고 기상학자들은 기상 패턴에 대해 효율적인 단기 예측을 수행할 수 있었다. 단기 예측이란 사나흘 정도 미리 날씨를 예상하는 것을 말한다. 그러나 기상의 예측 불가능성은 임의성과는 아무런 관련도 없다. 임의성의 문제는 카오스의 개념을 다루게 될 8장에서 언급할 것이다.

수학의 역할은 단순한 예측을 넘어선다. 일단 여러분이 어떤 계의 작동 원리를 이해하게 되면, 여러분은 수동적인 관찰자의 위치에 머물러 있을 필요가 없게 된다. 여러분은 그 계가 여러분의 의도대로 작동하게 만들기 위해 계 자체를 제어하려할 수 있다. 그렇지만 너무 큰 욕심을 부려서는 안 된다. 가령 기상 제어는 아직 초보적인 수준을 벗어나지 못하고 있다. 비구름이 있을 때조차 우리는 인공 강우에 그다지 큰 성공을 거두지 못하고 있으니까 말이다. 특정한 계를 제어하는 보기는 일정한 온도를 유지하는 보일러의 자동 온도 조절 장치에서 숲에 관목을 심는 오래된 식목 행사에 이르기까지 헤아릴 수 없이 많다. 복잡한 수학적 제어 장치가 없다면 우주 왕복선은 벽돌처럼 땅으로 곤두박질치고 말 것이다. 사람의 힘으로는 우주 왕복선에 본질적으로 내재하는 불안정성을 그 정도로 빨리 제어할 수 없기 때문이다. 심장병으로 고통받는 환자들을 도와 주는 페이스메이커도 그러한 제어의 보기이다.

이런 예들은 수학이 가지고 있는 가장 실용적인 측면들을 보여 주는 것으로서, 수학의 실제적인 적용, 다른 식으로 표현하자면 수학자들의 쓸모가 무엇인지를 설명한 것이다. 우리의 세계는 수학적 기초 위에 놓여 있고, 수학은 전 세계의 문화 속에 깊숙이 뿌리내리고 있다. 수학이 우리의 생활에 얼마나 깊은 영향을 미치는지 쉽게 깨닫지 못하는 유일한 이유는 수학이 무대의 가장 뒤쪽에 숨어 있기 때문이다. 그러나 여러분은 여행 안내자에게 가거나 여행 책자를 볼 때 컴퓨터나 전화선의 설계, 한 공항에서 선택 가능한 여러 비행편의 계획을 세우는 최적화 경로, 또는 비행기 조종사에게 정확한 레이더 화상을 제공하는 데 사용되는 신호 처리 방식 등과 연관된 복잡한 수학이나 물리학 이론을 이해할 필요는 없다. 또한 텔레비전 프로그램을 볼 때 화면상에서 특수한 효과를 일으키는 데 사용되는 3차원 기하학, 인공위성을 이용해서 텔레비전 신호를 전송하는 데 이용되는 부호화 방법, 인공위성의 궤도 운동을 가능케 하는 방정식을 푸는 수학적 방법들, 그리고 인공위성을 지구 궤도의 정확한 위치에 올려놓는 우주선의 모든 부품들의 매 제작 단계에 필요한 수천 가지 수학적 적용 사례를 일일이 알 필요는 없다. 농부가 새로운 품종의 감자를 심을 때, 병충해에 저항력이 강한 식물을 만들어 내는 유전자를 식별하는 유전학의 통계 이론을 알 필요는 없다. 그러나 과거에 누군가는 그 모든 일들을 이해해야 했다. 그러지 않았다면 대형 여객기, 텔레비전, 우주선, 병충해에 저항력이 강한 감자는 발명되지 않았을 것이다. 그리고 현재에도 누군가는 그 모든 것을 이해해야 한다. 그러지 않으면 그 무엇 하나 제대로 작동하지 않을 것이다. 그리고 미래에 역시 그 누군가는 새로운 수학을 창안해서 아직 해결되지 않았거나 또는 앞으로 새롭게 드러날 문제들을 해결할 수 있어야 한다. 그러지 않으면 앞으로 다가올 변화 속에서 새롭게 등장하는 문제에 대한 해결책이 필요할 때, 또는 해묵은 문제들에 대한 새로운 해결책이 필요할 때 우리 사회는 아무런 대처도 하지 못하고 주저앉고 말 것이다. 만약 수학이 ─ 그리고 수학에 의존하는 모든 것들이 ─ 어느 날 갑자기 우리 사회에서 모습을 감추어 버린다면, 인류 사회는 그 순간에 무너지고 말 것이다. 그리고 만약 수학자들이 아무것도 하지 않고 손을 놓아 버린다면, 우리 사회는 단 한 발짝도 더 나아가지 못하고, 우리 문명은 그 순간부터 퇴보하기 시작할 것이다.

우리는 새로운 수학이 바로 금전적인 이득과 연결될 것으로 기대해서는 안 된다. 수학적 개념이 공장에서 생산되거나 가정에서 이용할 수 있는 무언가로 바뀌기까지는 많은 시간이 걸리게 마련이다. 그것도 아주 오랜 시간이 필요하다. 1세기 정도의 시간이 요구되는 경우도 흔할 것이다. 5장에서 우리는 바이올린 현의 진동에 대한 17세기의 관심이 300년 후에 전파의 발견, 그리고 라디오, 레이더, 텔레비전의 발명으로 이어지는 과정에 대해 살펴보게 될 것이다. 물론 그런 발명품들이 그보다 빨리 등장할 수도 있었다. 그렇지만 설령 그렇다 하더라도 그다지 큰 시간 차이는 나지 않았을 것이다. 실생활의 적용에만 초점을 맞춰 '단순한 호기심에 의한' 연구를 배제하면 과학적 발견 과정이 좀 더 가속될 수 있을 것이라고 생각한다면 — 점차 도를 더해 가는 관료 사회 속에서 살고 있는 많은 사람들이 그러듯이 — 그것은 엄청난 오산이다. 실제로 '호기심에 의한 연구'라는 말 자체가 상상력이라고는 전혀 없는 관료들이 그런 유형의 연구를 의도적으로 깎아내리기 위해 극히 최근에 만들어 낸 말이나. 확실한 단기 이익을 주는 깔끔한 프로젝트를 향한 그들의 열망은 지극히 어리석은 것이다. 목표 지향적인 연구는 예상 가능한 결과만을 내놓기 때문이다. 물론 목표를 정확히 가늠하기 위해서는 무엇이 목적인지 그 표적을 잘 보아야 함이 당연하다. 그러나 여러분이 볼 수 있는 것은 여러분의 경쟁자 역시 볼 수 있다. 온실 속의 화초처럼 안전한 연구만을 추구한다면 우리 모두를 황폐화시키는 결과밖에 남는 것이 없을 것이다. 진정 중요한 돌파구는 항상 예측하지 못한 곳에서 나오게 마련이다. 전혀 새로운 방법과 접근 방식이 의미를 갖는 이유가 바로 이 예측 불가능성이다. 이 예측 불가능성은 우리의 세계를 전혀 예상치 못한 방향으로 바꾸어 놓는다.

그뿐 아니라 목표 지향 연구는 흔히 벽돌담을 향해 냅다 치달리는 식의 오류를 범한다. 일례로 과학자들이 건식 인쇄술의 기본 원리를 발견한 이후 사진 복사기(photocopying machine)를 개발하기 위한 본격적인 노력이 시작되기까지는 무려 80년 가까운 시간이 필요했다. 최초의 팩시밀리 기계는 약 1세기 전에 발명되었지만, 실용화할 수 있을 만큼 충분한 신뢰성과 신속성을 갖추지는 못했다. 홀로그래피(3차원 화상)의 원리는 무려 1세기 이전에 발견되었지만, 아무도 그 장치에 꼭 필요한 결맞은 빛(coherent light, 여러 파장이 일정한 위상 관계에 있어 상호 간섭이 가능한 상태에 있는 빛—옮긴이)의 다발을 만들어 내는 기술(레이저빔 발생 기술을 가리킨다.—옮긴이)을 알지 못했다. 이런 식의 시간적인 지연은 좀 더 지적인 연구 분야는 물론이고 산업 분야에서도 전혀 새로운 일이 아니다. 그것은 연구가 막다른 골목에 몰렸을 때 예상치 못한 새로운 개념이 등장해야만 비로소 해결될 수 있다.

구체적이고도 실현 가능한 목표를 지향하는 연구 자체가 잘못된 것은 아니다. 그러나 몽상가와 아직 낙인 찍히지 않은 송아지는 약간 고삐를 늦추어 줄 필요가 있다. 우리가 살고 있는 세계는 정적인 곳이 아니다. 끊임없이 새로운 문제들이 등장하며, 낡은 해답들은 더 이상 효력을 발휘하지 못한다. 루이스 캐럴(Lewis Carroll)의 붉은 여왕(Red Queen)처럼, 우리는 제자리에 멈추어 있으려면 아주 빠른 속도로 달리는 수밖에 없다.

3
수학의 대상

수학이라는 말을 들을 때 가장 먼저 떠오르는 것은 수이다. 수는 수학의 핵심으로 모든 것 속에 스며들어 영향력을 발휘하며, 숱한 분야의 수학으로 벼려지고 연마되는 원료이자 소재이다. 그러나 수 자체는 수학의 극히 일부를 이룰 뿐이다. 앞에서 나는, 우리는 수학으로부터 깊은 영향을 받는 세계에 살고 있으며, 또한 수학이 우리의 세계를 '사용하기 쉬운 시스템'으로 만들어 주지만, 정작 수학 그 자체는 가능한 한 양탄자 밑으로 자신의 모습을 숨긴다고 말했다. 그러나 수학 개념들 중 일부는 너무도 중요한 토대를 이루기 때문에 계속해서 모습을 숨기고 있을 수는 없다. 그런 보기 중 가장 두드러진 예가 바로 수이다. 달걀을 세거나 거스름돈을 계산할 능력이 없다면 우리는 물건을 사기도 힘들 것이다. 우리가 모든 사람에게 산술을 가르치는 이유는 바로 그 때문이다. 읽기나 쓰기와 마찬가지로 셈할 줄 모른다면 생활에 큰 불편을 겪을 것이다. 실생활에서 수가 이토록 중요한 역할을 하기 때문에 우리는 수학이 주로 수와 연관된 것이라는 생각을 가지고 있다. 그러나 실제로는 그렇지 않다. 우리가 산술에서 배우는 수를 다루는 기술은 빙산의 일각에 불과하다. 우리는 그 이상의 수학적 지식이 없어도 일상생활을 하는 데 큰 불편을 느끼지 않는다. 그러나 우리 문화는 그 정도의 제한된 요소만으로는 사회를 유지해 나갈 수 없다. 수는 수학자들이 사용하는 도구의 하나일 뿐이다. 이 장에서 나는 여러분에게 그 밖의 수학적 대상들을 소개하고 그런 대상들이 왜 중요한지 설명하기로 하겠다.

어쩔 수 없이 내 설명도 수를 출발점으로 삼을 수밖에 없다. 인류의 여러 고대 문명에서 개화하기 시작한 수학의 초기 역사는 수라 불릴 수 있는 매우 폭넓은 수학적 대상의 발견 과정으로 요약될 수 있다. 그중에서 가장 간단한 것이 우리가 셈에 이용하는 수이다. 실제로 셈은 1, 2, 3과 같은 기호들이 생겨나기 전부터 시작되었다. 수를 전혀 사용하지 않고도, 가령 손가락만으로도 셈을 할 수 있기 때문이다. 여러분은 낙타들을 눈으로 하나씩 헤아리고 손가락을 꼽아 "나는 두 손과 엄지손가락 하나의 낙타들을 가지고 있어."라고 말할 수 있다. 밤새 다른 사람이 자신의 낙타를 훔쳐갔는지 알아보는 데 '11'이라는 수의 개념은 전혀 필요치 않은 것이다. 다음번에 다시 낙타들을 헤아리다가 두 손의 낙타만 있으면 엄지손가락 하나에 해당하는 낙타가 없어진 것이다.

나무나 뼛조각에 홈을 새기는 방법으로 셈을 기록할 수도 있다. 또는 일종의 계산 도구로 토큰(token)을 만들 수도 있다. 토큰이란 수를 헤아리는 데 사용한 동그란 점토 조각을 말한다. 양을 셀 때에는 양이 새겨진 점토 조각을 이용하고, 낙타의 수를 셀 때에는 낙타 그림이 그려져 있는 토큰을 이용할 수 있다. 세려고 하는 동물들이 여리분 앞을 지닐 때 한 마리에 하나씩 토큰을 가죽 주머니 속에 떨어뜨리면 간단하게 수를 헤아릴 수 있다. 수를 기호로 이용하기 시작한 것은 약 5,000년 전부터였다. 그 당시 계산기는 점토로 싸여 있었다. 당시의 회계원은 계산 내용을 살펴볼 때마다 점토로 덮인 표면을 깨뜨리고 계산이 끝나면 다시 점토로 덮어야 했기 때문에 매우 성가셨다. 그래서 사람들은 그 속에 무엇이 들어 있는지 간단히 요약해서 거죽에 특수한 표시를 하기 시작했다. 그러던 중 그들은 점토로 덮인 주머니 속에 굳이 계산에 사용하는 토큰을 넣을 필요가 없다는 것을 깨달았다. 점토판에 기호를 표시하는 것만으로도 충분했다.

이렇듯 간단한 사실을 깨닫기까지 그토록 오랜 시간이 걸렸다는 것은 놀라운 일이다. 물론 그것은 어디까지나 지금에 와서의 이야기이다.

숫자 셈 다음의 발명은 분수였다. 분수란 우리가 오늘날 2/3(3분의 2), 22/7(7분의 22, 또는 3과 7분의 1로 나타내도 마찬가지이다.)라고 표현하는 수의 일종을 말한다. 여러분은 분수로는 셈을 할 수 없을 것이다. 낙타 3분의 2마리를 먹을 수는 있겠지만, 셈을 할 수는 없다. 그러나 분수를 이용하면 훨씬 흥미로운 계산을 할 수 있다. 가령 3형제가 낙타 2마리를 유산으로 받았다면, 여러분은 한 사람이 3분의 2마리씩을 가지면 될 것이라고 생각할지도 모른다. 그것은 법률적으로는 합당한 분배일지 모른다. 우리는 그런 식의 배분법에 익숙해 있어서, 실제로 그런 식의 분할을 한다면 얼마나 이상한 일이 벌어질지를 잊고 있다.

그로부터 많은 시간이 지나 400년과 1200년 사이에 영(0)이라는 개념이 발명되었고, 그것이 수를 표기하는 수단으로 받아들여졌다. 영이 수로 받아들여진 시기가 그토록 늦어졌다는 사실이 이상하게 생각된다면, 오랫동안 '1'이 수로 인정되지 않았다는 것을 상기해야 할 것이다. 1이 수로 받아들여지지 않은 이유는, 물건의 수는 항상 여럿이라고 생각되었기 때문이었다. 많은 역사책들은 0의 발명의 핵심 개념은, '아무것도 없음(nothing)'을 나타내는 기호를 발명했다는 것이라고 말한다. 산술 계산이 사람들 사이에서 실용화된 가장 중요한 계기가 바로 0의 발견이었을 것이다. 그러나 수학에서 중요했던 것은 전혀 새로운 종류의 수, 즉 '무(無)'를 구체적인 개념으로 나타냈다는 점이다. 수학자들은 기호를 사용한다. 그러나 음악이 음표라는 기호가 아니고, 언어가 알파벳이라는 기호의 배열이 아니듯이 수학도 수라는 기호가 아니다. 고대에서 현대에 이르기까지 가장 위대한 수학자로 꼽히는 카를 프리드리히 가우스(Carl Friedrich Gauss)는 수학에서 중요한 것은 "표기가 아니라 그 개념(not notations, but notions)"이라고 말했다. 가우스는 그 말을 라틴 어로 "*non notationes, sed notiones*"라고 했다.

수라는 개념의 다음 단계의 확장은 음수의 발견이다. 여기에서도 −2마리의 낙타란 실질적으로는 아무런 의미가 없다. 그러나 만약 여러분이 다른 사람에게 낙타 2마리를 빚지고 있다면, 가지고 있는 낙타의 수를 –2라고 효율적으로 표현할 수 있을 것이다. 따라서 음수는 빚을 나타내는 수단이라고 생각할 수 있다. 이처럼 쉽게 이해할 수 없는 수를 해석하는 방법에는 여러 가지가 있다. 일례로 우리가 영하라고 부르는 마이너스의 온도는 물이 어는 온도보다 낮은 온도를 뜻한다. 그리고 어떤 물체가 마이너스의 속도로 달린다는 것은 그 물체가 뒤쪽을 향해 달린다는 뜻이다. 따라서 똑같이 추상적인 수학적 대상을 이용해서 하나 이상의 자연의 측면들을 나타낼 수 있는 것이다.

대부분의 상업적 거래는 분수만 있으면 충분했다. 그러나 수학에서는 그렇지 않다. 일례로 고대 그리스 인들은 유감스럽게도 2의 제곱근이 분수로 표시될 수 없다는 사실을 발견했다. 다시 말해서 어떤 분수를 제곱해도 정확히 2라는 숫자가 나오지 않는다. 물론 2에 가까운 수까지 접근할 수는 있다. 가령 17/12을 제곱하면 289/144가 된다. 그러나 2를 얻으려면 288/144이 되어야 하는데 그 어떤 분수로 시도해 보아도 그건 무리다. $\sqrt{2}$라는 간단한 기호를 사용하는 2의 제곱근을 무리수(無理數, irrational)라고 부르는 것은 바로 그 때문이다. 무리수를 포함하도록 수체계를 확장시키는 가장 간단한 방법은 이른바 실수(實數, real number)라고 불리는 수를 이용하는 것이다. 그런데 실제로 실수라는 이름은 3.14159…(여기에서 …은 소수점 이하의 자릿수가 무한히 계속됨을 의미한다.)처럼 무한히 계속되는 무한 소수로 표현된다는 점에서는 전혀 어울리지 않는다. 처음부터 끝까지 종이 위에 적을 수도 없는 수를 어떻게 실제적(real)이라고 할 수 있단 말인가? 그러나 그 이름은 굳어져서 지금은 모든 사람이 쓰고 있다. 그 이유는 실수가 길이와 거리에 대한 우리의 천성적인 시각적 직관의 상당 부분을 구현해 주기 때문일 것이다.

실수는 인간 정신에 의해 이루어진 이상화 중 가장 뻔뻔한 것 중 하나일 것이다. 그러나 실수는 사람들이 그 뒤에 깔려 있는 논리를 우려하기 전 수세기 동안 아무 문제 없이 사용되었다. 역설적이게도 사람들은 그 나음 난계의 수체계의 확장에 대해 공연한 우려를 했다. 그것은 전혀 해롭지 않았는데도 말이다. 그것은 음수에 제곱근을 도입한 것이었다. 그렇게 되자 '허수(虛數, imaginary)'와 '복소수(複素數, complex)'가 함께 등장했다. 수학자들은 허수나 복소수 같은 개념들 없이는 한시도 지낼 수 없을 정도이지만, 다행스럽게도 이 책은 여러분에게 복소수에 대한 아무런 지식도 요구하지 않는다. 따라서 나는 그것들을 수학이라는 양탄자 밑으로 쑤

셔 넣고 여러분의 눈에 띄지 않게 만들 작정이다. 그러나 나는 −1의 제곱근에 대한 해석은 훨씬 더 파악하기 힘들지만, 무한소수를 특정한 양──가령 길이나 무게와 같은──에 무한히 가까워지는 수열(數列)로 간단하게 표시할 수 있다는 점을 지적해야 한다.

오늘날 사용하는 용어로 0, 1, 2, 3, … 과 같은 양의 정수(整數, integer)를 자연수라 부른다. 여기에 음의 정수를 포함시키면 정수가 된다. 그리고 양의 분수와 음의 분수를 합쳐서 유리수(有理數, rational number)라 부른다. 따라서 우리는 다섯 가지 수체계를 가지고 있는 셈이다. 이 수체계들은 뒤로 갈수록 더 많은 대상을 포함한다. 자연수, 정수, 유리수, 실수, 복소수. 이 책에서는 정수와 실수가 중요하게 다루어질 것이며, 앞으로 우리는 유리수를 자주 다루게 될 것이다. 그리고 앞에서 이야기했듯이 복소수에 대해서는 완전히 무시할 수도 있다. 그러나 여러분은 '수'라는 말이 신(神)이 하사한 불변의 의미를 가지는 것이 아님을 이해하기 바란다. 수라는 단어가 포괄하는 범위는 그동안 여러 차례 확장되었다. 그리고 그 확장 과정은 이론상으로는 언제든 다시 일어날 수 있는 것이다.

그러나 수학은 단지 수만을 대상으로 삼지 않는다. 이미 우리는 앞에서 전혀 다른 종류의 수학적 사고 대상과 마주친 적이 있었다. 그것은 바로 연산(演算)이다. 연산이란 쉽게 말하자면 덧셈, 뺄셈, 곱셈, 나눗셈과 같은 것이다. 일반적으로 연산은 2개의 (때로는 그 이상의) 수학적 대상을 연관시켜 세 번째 수학적 대상을 얻는 과정이다. 그런데 나는 방금 전에 제곱근을 언급하면서 세 번째 유형의 수학적 대상을 암시했다. 만약 여러분이 어떤 숫자에서 시작해서 그 제곱근을 구한다면 여러분은 또 하나의 수를 갖게 된다. 이런 '대상'을 가리키는 용어가 '함수(function)'이다. 여러분은 함수가 수학적 대상—일반적으로 수(數)—을 다루는 추상적인 수학 규칙이라고 생각할 것이다. 그러나 함수는 나름대로 구체적인 방식으로 대상들을 다루는 또 하나의 대상이다. 흔히 함수는 대수 공식을 이용해서 정의된다. 규칙을 설명하는 가장 빠르고 편리한 방법이 공식이기 때문이다. '함수'와 같은 의미를 갖는 또 하나의 용어가 변환(transformation)이다. 변환이란 하나의 수학적 대상을 다른 대상으로 바꾸는 규칙을 말하는데, 이 용어는 기하학 규칙에 적용되는 경우가 많다. 우리는 6장에서 대칭의 수학적 본질을 파악하기 위해서 이 변환 규칙을 이용할 것이다.

연산과 함수는 매우 비슷한 개념들이다. 실제로 개론적인(일반적인) 수준에서는 이 개념들을 구분하기 힘든 경우가 많다. 두 가지 모두 구체적인 사물이라기보다는 과정이라 할 수 있다. 이제 판도라의 상자를 열고 수학자들의 병기고에 들어 있는 가장 강력하고 보편적인 무기들 중 하나를 설명할 시간이 되었다. 그 무기를 '과정의 물체화(thingification of processes)'라고 부를 수 있을 것이다(같은 의미로 '물화(物化, reification)'라는 사전적인 용어가 있지만, 이 용어는 지나치게 현학적이다.). 수학적 '사물(thing)'은 실세계에는 존재하지 않는 추상이다. 그러나 수학적 과정 역시 추상이다. 따라서 수학 과정은 그 과정이 적용되는 '사물'이 실제 사물이 아니듯이 역시 비실제적이다. 이런 과정의 물체화는 일상적으로 흔하게 겪는 일이다. 실제로 나는 '2'라는 수가 실질적인 사물이 아니라 과정이라는 보기를 들 수 있다(가령 여러분이 2마리의 낙타나 2마리의 양에 차례로 '1, 2'라는 번호를 붙이는 경우를 생각해 보라.). 수는 아주 오래전부터 철저히 물체화의 과정을 거쳤기 때문에, 사람들은 누구나 수를 사물로 생각할 지경이다. 그와 마찬가지로 연산이나 함수 역시 사물로 생각할 수 있다. 그렇지만 대부분의 사람들은 수와는 달리 연산이나 함수가 구체적인 사물이라는 생각에 그리 익숙지 못할 것이다. 일례로 '제곱근'이 사물이라고 말한다면, 이때 나는 특정한 수의 제곱근이 아니라 함수 그 자체를 의미하는 것이다. 이런 이미지에서 제곱근 함수는 일종의 '고기 다지는 기계'인 셈이다. 여러분이 그 기계 한쪽 끝에 수를 밀어 넣으면 다른 쪽 끝에서 제곱근이 튀어나온다.

6장에서 우리는 평면과 공간의 움직임을 마치 사물인 것처럼 다룰 것이다. 나는 여러분에게 그런 설명에서 느낄 혼란에 대해 미리 경고하려 한다. 그러나 이런 물체화 게임을 즐기는 사람이 비단 수학자들만은 아니다. 법률적 정의에서는 '절도'를 마치 실체를 가진 사물인 양 규정한다. 심지어는 그것이 어떤 종류의—범죄라는—사물인지도 나타낸다. "서구 사회를 좀먹는 두 가지 중요한 해악은 마약과 절도이."라는 말에서 우리는 하나의 실제 사물(마약)과 또 하나의 물체화된 개념(절도)을 발견하게 된다. 두 가지 모두 마치 동일한 대상인 양 다뤄지고 있다. 마약은 실체를 가진 물리적 존재이지만, 그에 비해 절도는 내 재산이 나의 동의 없이 누군가 다른 사람에게로 이전되는 '과정'이다.

컴퓨터 과학자들은 물체화의 과정을 통해, 숫자를 기반으로 만들어질 수 있는 것을 지칭하는 편리한 용어를 가지고 있다. 그들은 그것을 데이터 구조(data structure)라 부른다. 컴퓨터 과학에서 가장 흔하게 찾아볼 수 있는 예가 리스트(순차적으로 씌어진 일련의 숫자)와 배열(여러 개의 행과 열로 씌어진 숫자의 표)이다. 나는 이미 컴퓨터 화면의 그림이 이런 숫자들의 리스트로 표현될 수 있다는 이야기를 했다. 물론 그런 그림은 복잡하기는 하지만 우리가 가장 쉽게 이해할 수 있는 데이터 구조이다. 여러분은 이보다 훨씬 복잡한 가능성을 생각할 수 있다. 숫자의 표가 아닌 리스트의 표, 배열의 표, 배열의 배열, 리스트의 배열의 리스트의 리스트…… 이런 식으로 계속될 수 있다. 수학자들은 이와 비슷한 방식으로 기본적인 사고 대상들을 구축한다. 수학의 논리적 기초가 미처 정리되지 않았던 시절에 버트런드 러셀(Bertrand Russell)과 앨프리드 노스 화이트헤드(Alfred North Whitehead)는 『수학의 원리(*Principia Mathematica*)』라는 세 권짜리 방대한 저서를 집필했다. 그 책은 가장 단순한 논리 요소인 집합이라는 개념에서 출발한다. 그런 다음, 두 사람은 나머지 수학 개념들이 어떻게 구축되는지 설명해 나간다. 그들이 다룬 주된 대상은 수학의 논리 구조를 분석하는 것이었다. 그러나 그들의 노력은 주로 수학적 사상의 주요 대상들에 가장 적합한 데이터 구조를 고안하는 데 쏟아 부어졌다.

이처럼 기본적인 대상에 대한 기술에서 만들어지는 수학의 이미지는 나무에 비유할 수 있다. 그 나무는 수 속에 뿌리를 내려, 나무의 본체에서 줄기로, 줄기에서 큰 가지로, 큰 가지에서 작은 가지로 하는 식으로 점차 더 난해한 데이터 구조 속으로 뻗어 나간다. 그러나 이런 이미지는 본질적인 요소를 결여하고 있다. 그런 식의 상상으로는 수학 개념들 사이의 상호 작용을 올바로 기술할 수가 없다. 수학이란 뿔뿔이 고립된 사실들의 집합이라기보다는 풍경에 더 가깝다. 그 풍경은 그 사용자와 창조자 들이 ─ 그것이 없었다면 통과할 수 없었을 지역을 ─ 항해하는 데 이용하는 내적인 지리학을 가지고 있다. 일례로 거기에는 거리라는 은유적 느낌이 있다. 특정한 수학적 사실 근처에서 우리는 그와 연관된 다른 사실(사상)을 발견한다. 예컨대 원주의 길이가 그 지름의 π배라는 사실은, 원주의 길이가 반지름의 2π배라는 사실에 매우 가깝다. 이 두 가지 사실 사이의 관계는 금방 알아차릴 수 있다. 그것은 지름이 반지름의 2배라는 것이다. 그에 비해 서로 관련되지 않는 개념들은 훨씬 거리가 멀다. 일례로 3개의 물체를 배열하는 데 6가지 방법이 있다는 사실은 원과 관련된 사실들과는 상당한 거리가 있다. 돌출이라는 은유적 느낌도 있다. 하늘을 찌를 듯한 산봉우리는 직각삼각형에 대한 피타고라스의 정리나 미적분학의 기본적인 방법들처럼 멀리서도 보이고 폭 넓게 사용될 수 있는 중요한 개념들이다. 굽이마다 항상 새로운 풍경들이 ─ 징검다리로 건너야 하는 전혀 예상치 못했던 강, 거대하고 조용한 호수, 도저히 건널 수 없는 크레바스처럼——불쑥불쑥 나타난다. 수학의 이용자들은 이 수학이라는 영토에서 잘 다져진 부분만을 딛고 다닌다. 그러나 수학의 창조자들은 알려지지 않은 신비로운 미개척지를 탐험하고, 지도를 작성하고, 다른 사람들이 쉽게 접근할 수 있도록 도로를 건설한다.

이 풍경을 하나로 이어 주는 요소는 다름 아닌 '증명'이다. 증명은 한 가지 사실에서 다른 사실로 뻗어 있는 오솔길을 드러내 준다. 전문적인 수학자는 어떤 사실이 논리적 오류를 일으킬 가능성이 전혀 없음이 입증되지 않는 한 어떤 진술도 참이라고 간주하지 않는다. 그러나 증명될 수 있는 대상과 그 증명 방식에는 제한이 있다. 철학과 수학의 토대에 해당하는 곳에서 이루어진 많은 작업들은, 우리가 어딘가 한곳을 출발점으로 삼아야 하기 때문에 모든 것을 증명할 수는 없음을 분명히 밝혀 주었다. 설령 우리가 어디를 출발점으로 삼을지 결정했다 하더라도 일부 진술은 증명도 반증도 불가능하다. 이 책에서 그런 주제들을 다룰 생각은 없다. 그 대신 나는 증명이 무엇인지, 그리고 왜 그것이 필요한지의 문제를 실용적인 관점에서 다룰 것이다.

수학 논리 교과서들은 증명을 하나하나의 진술이 그 이전의 진술에 토대를 두거나 모두가 인정한 공리(公理)에서 유래하는 일련의 진술이라고 규정하고 있다. 공리는 증명되지는 않았지만 자명하게 진술된 가정으로 실질적으로 연구되어야 할 수학의 영역을 분명히 규정한다. 이런 규정은 소설을 각각의 문장이 모두가 합의된 문맥을 이루거나 이전 문장과의 관계를 이해할 수 있는 일련의 문장이라고 규정하는 정도에서만 유용하다. 그러나 두 가지 정의 모두 핵심적인 본질을 놓치고 있다. 다시 말해서 증명과 소설 모두 우리에게 재미있는 이야기를 해 주고 있다는 사실이다. 앞에서 소개한 정의는 2차적인 의미밖에 포착하지 못하고 있다. 그것은 소설의 줄거리가 설득력이 있어야 하며, 전체적으로 상식에 어긋나지 않는 구성과 형식을 따라야 한다는 것이다. 그러나 재미있는 줄거리야말로 무엇보다 중요한 요소이다.

그렇지만 그런 이야기를 해 주는 교과서는 거의 없다.

사람들은 대개 구성이 엉성한 영화를 보면 짜증을 낸다. 제작 기술이 아무리 뛰어나더라도 말이다. 최근에 나는 게릴라들이 공항을 점거하고 공항 관제탑에서 사용하는 모든 전자 장비들을 무용지물로 만들어 자신들의 장비로 대체하는 줄거리의 영화를 본적이 있다. 공항 책임자들과 영화의 주인공은 영화 속에서 약 30분도 넘는 시간을—줄거리상으로 볼 때는 여러 시간을—공항에 접근하는 항공기와 교신하지 못하는 자신들의 능력 부족 때문에 괴로워하면서 허송한다. 그러는 동안 공항 상공을 선회하던 여객기들은 차차 연료가 바닥나게 된다. 그때까지도 주인공들의 머리에는 불과 30마일 거리에 완전히 제기능을 하는 제2의 공항이 있다는 사실이 떠오르지 않는다. 더구나 그들은 가장 가까운 공군 기지에 지원을 요청하는 전화를 걸 생각조차 하지 못한다. 그 영화는 엄청난 비용을 들였고 관객들로 하여금 손에 땀을 쥐게 만들었지만, 정작 그 줄거리는 어처구니없을 만큼 헛점투성이다.

그렇지만 이러한 사실은 영화를 즐기는 사람들에게는 하등의 문제도 되지 않는다. 필경 그들의 비판 기준은 나보다 덜 엄격할 것이다. 그러나 우리 모두는 어떤 사실을 믿을 만한 것으로 받아들이려고 마음먹는 데에 한계를 가지고 있다. 앞에서 예로 든 영화와는 달리 한 소년이 집을 손에 넣었다가 잃어버리는 일을 다루는 실제로 있음직한 영화는 관객들에게 아무런 흥미도 주지 못할 것이다. 이와 마찬가지로 수학의 증명도 그 대상이 실제로 활용 가능한 수학인지 아닌지를 들려주는 이야기(story)이다. 이야기를 할 때 시시콜콜한 세부 사실까지 남김없이 묘사해야 하는 것은 아니다. 영화의 등장인물들이 그곳에 이르게 된 과정을 일일이 설명하지 않고 새로운 상황에 불쑥 나타나기 때문에 독자들은 스스로 일상적인 과정들을 채워 넣어야 하는 것이다. 그러나 그 이야기에 구멍이 뚫려 있거나 터무니없는 구성이 들어 있어서는 안 된다. 이 규칙은 매우 엄격하다. 수학에서는 단 하나의 결함도 치명적이다. 더구나 눈에 잘 띄지 않는 교묘한 결함이라도 누구에게나 분명한 결함과 마찬가지로 치명적일 수 있다.

그러면 한 가지 예를 살펴보자. 전문적인 설명을 피하기 위해 증명이 간단하고 그다지 중요치 않은 보기를 선택하기로 하자. 그 이야기를 내게 들려준 사람은 나의 동료이다. 동료는 그것을 배/부두(SHIP/DOCK) 정리라고 불렀다. 여러분은 이런 식의 낱말 놀이를 많이 해 보았을 것이다. 가령 상대가 하나의 단어(SHIP)를 말하면 여러분은 한 번에 글자 하나씩만 바꿔서 매 단계마다 의미를 지닌 다른 단어를 대면서 최종적으로 전혀 다른 단어(DOCK)를 만드는 것이다. 여러분은 아래에 나와 있는 보기를 보지 않고도 퍼즐을 풀 수 있을 것이다. 만약 그렇다면 여러분은 이미 그 정리를 이해한 셈이다. 그리고 그 증명 또한 쉽게 이해할 수 있을 것이다.

여기에 하나의 답이 있다.

SHIP

SLIP

SLOP

SLOT

SOOT

LOOT

LOOK

LOCK

DOCK

물론 이 밖에도 얼마든지 많은 다른 풀이가 가능하다. 그중에는 이 풀이보다 짧은 단계를 거친 것도 있을 것이다. 그러나 이 문제를 푸는 과정에서 여러분은 필연적으로 모든 풀이가 한 가지 공통점을 가진다는 사실을 알게 될 것이다. 그 공통점이란 중간 단계의 단어들 중에서 최소한 하나는 2개의 모음을 가져야 한다는 것이다.

좋다! 그렇다면 왜 그런지를 증명해 보기로 하자.

우선 실험적인 증거는 받아들이지 않겠다. 나는 설령 여러분이 100가지 서로 다른 풀이를 가지고 있고, 그 모든 풀이가 2개의 모음을 가진 하나의 단어를 포함하고 있다 하더라도 그 사실을 그대로 받아들이지 않는다. 여러분은 그런 증거에 만족할 수도 있고, 그렇지 않을 수도 있다. 왜냐하면 여러분의 가슴 한구석에는 2개의 모음을 갖는 단어를 포함하지 않으면서도 더 훌륭한 풀이가 있는 것이 아닌지, 그런데도 찾지 못한 것은 아닌지 하는 불안감이 도사리고 있을 테니까 말이다. 반대로, 여러분은 "아니야, 그건 분명해!"라는 자신감을 가질 수도 있을 것이다. 나도 동의한다. 그렇지만 '왜' 그것이 분명한가?

이제 여러분은 대개의 수학자들이 평생의 대부분을 보내는 한 국면으로 접어들었다. 그것은 바로 좌절이라는 시기이다. 여러분은 자신이 무엇을 증명하고자 하는지, 무엇을 믿고 있는지 잘 알고 있다. 그러나 정작 증거가 될 납득할 만한 설명을 찾지 못했다. 이 말은 여러분이 전체적인 문제를 환히 드러낼 수 있는 핵심적인 개념을 갖고 있지 않다는 뜻이다. 그러면 여기서 힌트를 하나 제시하겠다. 몇 분 동안 그 힌트에 대해 생각해 보면, 수학자들의 삶에서 보다 만족스러운 국면인 해명(illumination)을 좀 더 생생하게 체험할 수 있을 것이다.

힌트는 '모든 영어 단어는 반드시 모음을 포함해야 한다.'이다. 이것은 아주 간단한 힌트이다. 우선 그것이 사실이라는 확신을 가져라(사전을 찾아보는 것도 좋은 방법 중 하나일 것이다. 물론 큰 사전이라면 말이다.). 그러고 나서 그 함축된 의미를 살펴보는 것이다.

여러분이 내가 제안한 힌트를 받아들이든 포기하든 상관없다! 여러분이 어떻게 하든 간에, 모든 수학자들은 자신들에게 제기되는 많은 문제들을 끌어안고 똑같은 작업을 하고 있다. 문제의 핵심은 바로 거기에 있는 것이다. 여러분은 그 모음에서 어떤 일이 일어나는지에 생각을 집중해야 한다. 모음들은 SHIP/DOCK이라는 풍경에서 산봉우리에 해당한다. 다시 말해서 증명이라는 바람이 불어갈 수 있는 경로 사이의 육표(陸標)에 해당하는 셈이다.

처음 단어 SHIP에는 세 번째 자리에 하나의 모음만 있다. 마지막 단어 DOCK 역시 하나의 모음을 갖는다. 그러나 이번에는 두 번째 자리이다. 그렇다면 어떻게 모음의 자리가 바뀌었을까? 거기에는 세 가지 가능성이 있다. 첫 번째, 한 위치에서 다른 위치로 단번에 뛰어넘을 수 있다. 두 번째, 모음들이 모두 사라진 다음 다시 나타날 수도 있다. 세 번째, 하나 이상의 모음, 또는 모음들이 생겨난 다음 그 후에 차례로 사라질 수도 있다.

여기에서 세 번째 가능성은 직접 정리(定理)로 이어질 수 있다. 한 번에 하나의 글자가 바뀌기 때문에, 어느 단계에서는 단어가 단모음에서 둘 이상의 모음을 갖는 복모음 상태로 바뀌어야 한다. 예를 들면 단모음에서 3개의 모음을 갖는 단어로 갑작스럽게 도약할 수는 없다. 그러면 다른 가능성은 없을까? 앞에서 내가 주었던 힌트를 생각하면 SHIP의 하나뿐인 모음이 없어질 수 없다는 것을 알 수 있다. 두 번째 가능성은 이로써 각하. 따라서 첫 번째 가능성, 즉 매 단계의 단어들이 항상 하나의 모음을 갖지만 모음이 세 번째 자리에서 두 번째 자리로 이동하는 경우만 남게 되는 셈이다. 그러나 글자 하나만 바꿔서는 그런 변화를 일으킬 수 없다! 여러분은 한 단계에서 세 번째 자리의 모음과 두 번째 자리의 자음을 세 번째 자리의 자음과 두 번째 자리의 모음으로 이동시켜야 한다. 그것은 2개의 글자를 한꺼번에 움직여야 한다는 뜻이다. 그런데 그것은 규칙 위반이다. 따라서 유클리드의 말을 빌려 표현하자면 Q.E.D(quod erat demonstrandum, 증명 완료라는 뜻—옮긴이)라고 했다.

수학자는 교과서에서처럼 이보다는 훨씬 공식적인 방법으로 증명할 것이다. 그러나 중요한 것은 형식이 아니라 어떻게 설득력 있게 이야기하는가이다. 우리 주변에서 찾아볼 수 있는 수많은 좋은 이야기들처럼 증명이라는 이야기도 처음과 끝, 또는 발단과 결말이 있어야 하고, 논리적 함정 없이 여러분을 한곳에서 다른 곳으로 이끌어 갈 수 있는 탄탄한 구성을 가져야 한다. 방금 내가 들었던 예는 아주 간단한 것으로 결코 표준 수학이라고는 할 수 없지만 어느 정도 본질적인 것들을 담고 있다. 특히 정말로 납득할 만한 주장과 겉보기로만 그럴듯할 뿐 확실한 토대를 갖지 않은 기만적인 주장을 극적으로 대비시켜 보여 준다. 나는 여러분이 내가 든 보기를 통해 창조적인 수학자가 감정적으로 겪는 경험들, 즉 아주 간단하고 쉬운 문제임에도 불구하고 쉽게 증명할 수 없을 때 느끼는 좌절감, 해결의 서광이 비쳤을 때 밀려오는 기쁨과 승리감, 논리 전개에 빈 구멍이 없는지 검사해 나갈 때 마음 한구석에서 스며 나오는 의구심, 그 개념이 모든 기준에서 타당하다는 결론을 내렸을 때 맛볼 수 있는 미적(美的) 만족감 등을 직접 느낄 수 있었기를 바란다. 그리고 그런 본질이 겉으로는 복잡하게 얽혀 있는 것처럼 보이는 모든 것들을 관통한다는 사실을 이해할 수 있기를 바란다. 창조적인 수학이란——물론 보기로 들었던 것보다 훨씬 진지한 문제들을 대상으로 삼지만—바로 그런 것이다.

증명은 수학자들이 받아들일 수 있을 만큼 확실한 근거를 가져야 한다. 많은 증거를 갖추고도 완전히 다른 답을 내놓는 경우도 많다. 가장 악명 높은 보기는 소수(少數)와 연관된 것이다. 소수란 1과 자기 자신을 제외하고는 어떤 수로도 나누어지지 않는 수를 말한다. 소수는 2, 3, 5, 7, 11, 13, 17, 19, …로 무한히 계속된다. 2를 제외한 모든 소수는 홀수이다. 그리고 홀수 소수는 두 종류로 나눌 수 있다. 하나는 4의 배수보다 하나 작은 수(3, 7, 11, 19, …)이고 다른 하나는 4의 배수보다 하나 큰 수(5, 13, 17, …이 거기에 속한다.)이다. 만약 여러분이 소수를 계속 구해 나가면서 각각의 부류에 얼마나 많은 숫자가 속하는지 세어 보면 '하나 큰' 부류보다 '하나 작은' 부류가 더 많다는 생각을 가지게 될 것이다. 예를 들어 앞에서 늘었던 7개의 소수 중에도 첫 번째 부류(하나 작은)에 속하는 소수가 4개이고, 두 번째 부류가 3개이다. 이런 패턴은 최소한 1조(兆)까지는 계속 이어지기 때문에 여러분은 그 가정이 항상 참일 것이라고 추측할 수 있을 것이다.

그러나 실제로는 그렇지 않다.

수리학자들은 간접적인 방법으로 소수가 충분히 커지면 그 패턴이 바뀌고, '4의 배수보다 하나 큰' 부류의 소수들이 앞서기 시작한다는 것을 증명했다. 이런 변화의 최초의 증거는 숫자의 크기가 $10'10'10'10'46$ 이상일 때 처음 나타난다. 여기에서 나는 프린터가 실수를 할 위험을 피하기 위해서 제곱을 따옴표(')로 나타냈다. 이 숫자는 정말이지 엄청날 정도로 크다. 만약 그 숫자를 제대로 쓴다면 $1000\cdots000$ 식으로 엄청난 개수의 0이 뒤따를 것이다. 만약 우주 속에 들어 있는 모든 물질을 종이 위에 적는다면 전자(電子) 하나를 0으로 나타낼 수 있을 것이다. 설령 그런다 하더라도 앞에서 들었던 $10'10'10'10'46$에 들어가는 0의 수의 극히 일부에 지나지 않을 것이다.

    예외의 확률을 설명할 수 있는 경험적인 증거는 극히 희박하기 때문에 우리는 숫자를 필요로 한다. 그러나 불행하게도 그 정도로 희박한 예외들도 수학에서는 매우 중요하다. 일상생활에서 우리는 1조 번에 한 번 정도밖에는 일어나지 않는 일 때문에 골치를 썩이지는 않는다. 여러분은 운석에 머리를 맞을 가능성 때문에 전전긍긍하는가? 우리가 운석에 맞을 확률은 약 1조분의 1이다. 그러나 수학은 논리적 추론을 하나씩 쌓아 올린다. 그 과정에서 어느 한 단계가 잘못되면 그 위에 쌓여 있는 모든 체계가 송두리째 무너지고 말 것이다. 만약 여러분이 모든 수가 공통으로 어떤 성질을 가지고 있다고 이야기했다면, 그런 성질에 따르지 않는 단 하나의 예외만 있어도 여러분의 말은 틀린 것이다. 그리고 여러분이 그 잘못된 가정 위에 세운 모든 것은 의심의 대상이 될 것이다.

최고의 수학자라 불리는 사람들이 입증한 사실도 훗날 오류였음이 밝혀지는 경우가 있다. 그들의 증명 과정에 쉽게 알아차리기 힘든 비약이 있거나 단순한 계산상의 실수가 있을 수도 있고, 그들이 생각한 것처럼 확실하지 않은 사실을 분명한 것으로 가정했을 수도 있다. 따라서 수세기에 걸쳐 수학자들은 모든 증명을 혹독하리만큼 철저한 비판적 시각으로 검토해 왔다. 그 과정에서 단 한 가닥의 실이 늘어져 있어도 직물(織物) 전체가 올올이 풀어질 수 있기 때문이다.

4
변화의 상수

<u>수 세기 동안 자연에 대한 사람들의 생각은</u> 상반되는 양극단 사이를 오갔다. 그 한 가지 견해에 따르면, 우주는 절대 변하지 않는 일정한 법칙에 따르며, 만물은 분명하게 규정된 객관적인 실재(實在)로 존재한다. 그와 상반된 견해는 객관적인 실재란 없으며 오직 변화라는 끝없는 흐름만이 있을 뿐이라는 것이다. 그리스의 철학자 헤라클레이토스가 "같은 강물에 두 번 발을 담글 수 없다."라고 말했듯이 말이다. 지금까지 과학의 발전을 지배해 온 것은 주로 첫 번째 관점이었다. 그러나 최근 들어 사람들 사이에서 큰 영향력을 행사하는 문화적 배경이 점차 두 번째 관점으로 바뀌는 징후가 늘어나고 있다. 포스트모더니즘, 사이버펑크, 그리고 카오스 이론 등은 모

두 지금까지 통용돼 온 실재의 객관성이라는 믿음을 뒤흔들어 놓아, 엄밀한 법칙성이냐 유연한 변화냐의 해묵은 논쟁에 다시 불을 붙이고 있다.

그러나 우리에게 진정으로 필요한 것은 이런 식의 무익한 말장난에서 벗어나는 것이다. 우리는 이런 상반되는 세계관에서 한 발 물러서서—두 가지 세계관을 실재보다 높은 질서의 두 그림자로 바라보는 식으로 종합을 구하는 것이 아니라—새로운 길을 찾아야 한다. 마치 전혀 다른 것처럼 보이는 두 세계관은 그저 보다 높은 곳에 위치하는 질서를 서로 다른 방향에서 보았기 때문에 나타나는 그림자일 뿐이다. 그렇다면 보다 높은 질서란 과연 존재하는가? 만약 존재한다면 우리가 그 질서에 접근할 수 있을까? 많은 사람들, 특히 많은 과학자들에게 아이작 뉴턴은 신비주의에 대한 이성의 승리를 대변해 온 사람으로 간주된다. 그러나 저명한 경제학자 존 메이너드 케인스(John Maynard Keynes)는 그의 에세이 『인간 뉴턴(Newton, the Man)』에서 다른 관점을 적용했다.

18세기 이래 뉴턴은 최초의 과학자, 가장 위대한 근대 과학자, 이성주의자, 우리에게 냉철하고도 객관적인 사고법을 가르쳐 준 스승으로 생각되어져 왔다. 그러나 나는 그를 그런 시각으로 보지 않는다. 나는 뉴턴이 1696년에 케임브리지를 떠날 때 직접 꾸렸고 (부분적으로 흩어지기는 했지만) 결국 우리에게 전달된 상자의 내용물을 자세히 본 사람이라면 그를 그런 식으로 볼 수는 없을 것이라고 생각한다. 뉴턴은 이성의 시대의 첫 번째 인물이었으나, 동시에 마지막 마술사였고, 최후의 바빌로니아 인이자 수메르 인이었고, 약 1만 년 전부터 인류의 지적 유산을 쌓아올리기 시작했던 사람들과 같은 눈으로 관찰 가능한 지적 세계를 바라보았던 마지막 구시대인이었다. 1642년 크리스마스에 유복자로 태어난 뉴턴은 동방박사들이 진심에서 우러난 경의를 표했을 법한 마지막 신동(神童)이었다.

케인스는 이 글에서 뉴턴의 개인적인 성격뿐 아니라 수학과 물리학, 그리고 연금술과 종교에 대한 그의 관심까지 포괄적으로 언급하고 있다. 그러나 우리는 뉴턴의 수학에서 엄밀한 법칙성과 유연한 변화를 한데 결합시켜, 궁극적으로는 그것을 초월할 수 있는 세계관을 향해 내디딘 첫 발자국을 발견할 수 있다. 우주는 폭풍우에 흔들리는 변화무쌍한 바다처럼 보일 수도 있다. 그러나 뉴턴, 그리고 그에게 밟고 올라설 수 있는 어깨가 되어 준 갈릴레이와 케플러는 변화가 규칙에 다다른다는 사실을 이해했다. 법칙과 변화는 공존할 뿐 아니라 법칙이 변화를 '생성'시키기도 한다.

최근 급부상하고 있는 카오스와 복잡성(complexity)의 과학은 그동안 밝혀지지 않았던 역(逆)명제를 제기하고 있다. 그것은 '변화가 법칙을 생성한다.'는 것이다. 그러나 이것은 또 다른 주제이기 때문에 마지막 장에서 다루기로 하고 여기에서는 언급하지 않겠다.

뉴턴 이전의 수학자들은 자연에 대해 본질적으로 정적인 모형을 제공했다. 그렇지만 몇 가지 예외가 있다. 가장 대표적인 경우가 행성의 운동에 대한 프톨레마이오스의 이론이다. 그 이론은 행성들은 작은 원들을 따라 회전하고 그 작은 원은 다시 큰 원을 따라 회전하는 회전하는 원들을 중심으로 그 주위를 도는 원들의 계 ─ 말하자면 바퀴들 속의 바퀴들 속의 바퀴들인 셈이다 ─ 를 매우 정확하게 이용해서 우리가 관찰한 변화를 설명한다. 그러나 당시 사람들은 수학자의 임무를 자연이 채택한 '이념형(ideal forms)'의 목록을 찾아내는 일이라고 생각했다. 당시 사람들이 생각한 가장 완벽하고 이상적인 형태는 원이었다. 왜냐하면 원주 위의 모든 점이 중심에서 똑같은 거리만큼 떨어져 있는 원은 평등하고 민주적인 존재라고 생각했기 때문이다. 보다 높은 존재의 피조물인 자연은 당연히 완벽해야 하고, 가장 이상적인 형태는 수학적 완벽성이기 때문에 수학과 자연은 떼려야 뗄 수 없는 불가분의 관계를 갖는 셈이었다. 그리고 완벽은 변화에 의해 흠집이 날 수 없다고 생각되었다.

케플러는 원들이 복잡하게 얽혀 돌아가는 체계 속에서 타원을 발견하고 그 견해에 도전했다. 그리고 뉴턴은 이전 시대의 사람들이 숭배하던 형태를 끌어내리고 그 자리에 그 형태를 생성하는 법칙을 올려놓았다.

그 결과로 뻗어난 가지들은 무성하지만, 운동에 대한 뉴턴의 접근 그 자체는 지극히 간단하다. 그 개념은 대포에서 비스듬한 각도로 발사된 대포알과 같은 발사체(發射體)의 운동을 통해 간단히 표현할 수 있다. 갈릴레이는 실험을 통해 이런 발사체의 경로가 포물선을 그린다는 사실을 발견했다. 포물선은 고대 그리스 인들도 이미 알고 있었고, 그들은 그 곡선을 타원과 연관시켰다. 이 경우에 그것은 뒤집힌 U자 모양이었다. 포물선 경로는 발사체의 운동을 수평 방향의 운동과 수직 방향의 운동이라는 두 개의 독립된 요소로 분해하면 쉽게 이해할 수 있다. 이러한 두 가지 유형의 운동을 분리해서 생각하고, 하나하나를 완전히 이해한 후에 다시 하나로 결합시키면 우리는 그 경로가 포물선이 되어야 하는 이유를 알 수 있다.

대포알이 지면과 평행하게 날아가는 수평 방향 운동은 지극히 단순하다. 그것은 일정 속도로 움직인다. 그보다 흥미로운 것은 수직 방향 운동이다.

처음에 대포알은 아주 빠른 속도로 상승하다가, 점차 속도가 느려지면서 극히 짧은 순간 동안 마치 공중에 정지한 것처럼 보이다가 아래로 떨어지기 시작한다. 처음에는 느리게 낙하하다가 점차 빠른 속도로 떨어지게 된다.

뉴턴은 대포알의 위치가 매우 복잡한 방식으로 변화하는 것처럼 생각되지만, 그 속도의 변화는 단순하며 그 가속도의 변화는 그보다 훨씬 더 단순하다는 것을 꿰뚫어보았다. 그림 2는 다음에 소개한 보기에서 이 세 가지 요소 사이의 관계를 간단하게 나타낸 것이다.

그림에서 최초의 상승 속도가 초속 50미터라고 가정하자. 그러면 1초 간격으로 측정한 대포알과 지면 사이의 거리, 즉 높이는 다음과 같다.

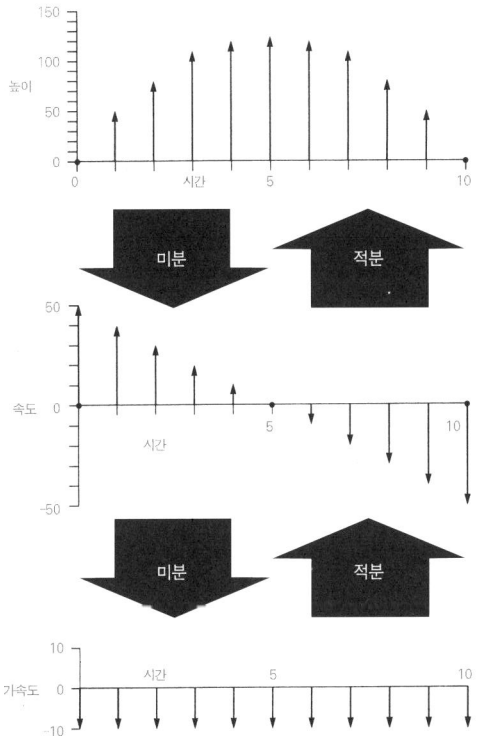

그림 2

단순화시킨 미적분. 포탄에 의해 결정되는 세 가지 수학적 패턴들, 즉 높이, 속도, 가속도. 실제로 관측 가능한 높이의 패턴은 매우 복잡하다. 뉴턴은 속도의 패턴이 더 단순하며, 가속도의 패턴이 가장 단순하다는 것을 깨달았다. 위에서 보여 준 간단한 미적분으로 우리는 다른 패턴을 발견할 수 있다. 따라서 우리는 가장 간단한 가속도의 패턴에서 실제로 구하려는 속도의 패턴을 추론할 수 있다.

0, 45, 80, 105, 120, 125, 120, 105, 80, 45, 0.

여러분은 이 숫자들을 통해 포탄이 차츰 상승하다가 정점에 도달해서 다시 떨어진다는 것을 알 수 있다. 그러나 일반적인 패턴이 이처럼 단순명료한 것은 아니다. 갈릴레이의 시대에는——실제로는 뉴턴의 시대에도——이 숫자들을 직접 측정하기 힘들었기 때문에 문제가 그리 간단치 않았다. 실제로 갈릴레이는 완만한 경사면 위로 공을 굴리는 방법으로 과정 전체의 속도를 늦추려고 했다. 가장 큰 어려움은 그 속도를 정확히 측정하는 방법이었다. 역사가 스틸먼 드레이크(Stillman Drake)는 갈릴레이가 음악가들처럼 콧노래를 흥얼거리면서 머릿속으로 기본적인 박자를 세는 방법을 이용했을 것이라고 추측했다.

포탄과 지면 사이 거리에서 나타나는 패턴은 수수께끼였지만, 속도의 패턴은 훨씬 분명했다. 포탄은 50m/sec(초속 50미터——옮긴이)의 속도로 위쪽을 향해 올라가며, 1초 후 그 속도는 (대략) 40m/sec로 떨어진다. 다시 1초가 지나면 30m/sec, 그리고 20m/sec, 10m/sec, 마침내는 0m/sec(정지 상태)가 된다. 따라서 이 상태에서 다시 1초가 지나면 포탄의 속도는 '아래쪽을 향해' 10m/sec가 될 것이다. 음수를 사용하면 '아래쪽을 향해 10m/sec'라는 말을 -10m/sec의 상승 속도라고 표현할 수 있다. 그리고 계속 시간이 흐르면서 그 패턴은 -20m/sec, -30m/sec, -40m/sec, -50m/sec로 이어진다. 이 속도에 도달했을 때 포탄은 지면과 부딪히게 된다. 따라서 1초 간격으로 측정된 속도를 나란히 표시하면 다음과 같을 것이다.

$$50, 40, 30, 20, 10, 0, -10, -20, -30, -40, -50.$$

여기에는 분명한 패턴이 있다. 이번에는 가속도를 살펴보자. 그러면 한발 더 나아갈 수 있다. 다시 아래로 떨어지는 대포알의 가속도를 음수로 나타내면 다음과 같은 수열을 얻을 수 있다.

$$-10, -10, -10, -10, -10, -10, -10, -10, -10, -10, -10.$$

이 패턴을 보면 여러분도 무척 단순하다는 생각이 들 것이다. 대포알은 아래쪽을 향해 $10m/sec^2$라는 '일정한' 가속도로 떨어진다 (실제 가속도는 약 $9.81m/sec^2$이다. 그러나 여기에서는 10이라고 생각하는 편이 이해하기 쉬울 것이다.).

그렇다면 우리는 역학의 변수들 속에 숨어 있는 이 상수(常數)를 어떻게 설명할 수 있을까? 나머지 모든 것들은 변화하는데 유독 가속도만 일정한 것은 무슨 까닭일까? 가장 매력적인 설명은 두 가지 요소를 포함한다. 첫 번째 요소는 지구가 포탄을 아래쪽으로 끌어당긴다는 사실이다. 다시 말해서 포탄에 중력이 작용하는 것이다. 지면에서의 높이와 상관없이 이 힘이 항상 같다고 생각하는 것이 옳을 것이다. 실제로 우리가 무게를 느끼는 것도 중력이 우리의 몸을 아래쪽으로 끌어당기기 때문이며 높은 건물 꼭대기에서도 몸무게는 같다. 물론 일상적인 관찰에 기초한 설명으로는 그 거리가 상당히 클 경우에 ― 가령 지구에서 달까지의 거리 정도 ― 벌어지는 일은 설명할 수 없다. 그 경우에는 전혀 다른 문제를 고려해야 한다. 거기에 대해서는 곧 살펴보게 될 것이다.

설명의 두 번째 요소는 매우 중요한 발견이다. 끊임없이 아래로 향하는 힘을 받으면서 운동하는 물체가 있다. 그 경우 우리는 그 물체가 아래쪽을 향해 일정한 가속도를 받는다는 것을 관찰할 수 있다. 중력의 힘이 상당히 강해진다면 아래쪽으로 작용하는 가속도 또한 상당히 커질 것이다. 목성처럼 지구보다 훨씬 큰 행성으로 가지 않는 한 실제로 이런 실험을 할 수는 없지만 이론상으로는 합리적이다. 그리고 목성에서도 아래를 향한 가속도가 일정한 것이라는 가정 또한 마찬가지로 합당할 것이다. 물론 지구의 상수와는 다른 상수일 것이다. 실제 실험과 사고 실험이 뒤섞인 이 경우를 가장 잘 설명하는 가장 간단한 이론은, 어떤 물체에 힘이 미칠 때 그 물체가 힘에 비례하는 가속도를 받는다는 것이다. 그리고 이것이 뉴턴 운동 법칙의 핵심이다. 여기에서 빠진 한 가지 요소는 이것이 모든 천체와 모든 힘에 대해——그 힘이 일정하든 그렇지 않든 간에——항상 성립하며, 그 비례 상수가 물체의 질량과 관계없이 항상 일정하다는 가정이다. 좀 더 정확하게 표현하자면, 뉴턴의 운동 법칙은 다음과 같이 기술할 수 있다.

$$질량 \times 가속도 = 힘$$

이것이 전부이다. 그의 운동 법칙이 가진 중요성은 그것이 시간에 따라 변화하는 질량과 힘을 포함해서 힘과 질량의 모든 계에 적용될 수 있다는 것이다. 우리는 지금까지의 논의를 따라오면서도 이 법칙이 이렇게 보편적으로 적용 가능한 것이라고는 생각지 못했다. 그러나 그것은 분명한 사실임이 밝혀진다.

뉴턴은 운동의 세 가지 법칙을 밝혀냈다. 그러나 오늘날의 접근 방식은 그 세 법칙을 한 수학 공식의 세 가지 측면으로 본다. 따라서 나는 이 세 가지 법칙을 한데 뭉뚱그려서 '뉴턴의 운동 법칙'이라고 부르겠다.

등산가들은 산이 그곳에 있으니까 산에 오른다고 말한다. 수학자들 역시 마찬가지이다. 풀어야 할 방정식이 거기 있으니까 문제를 해결하려 하는 것이다. 그렇지만 어떻게? 어떤 물체의 질량과 그 물체에 미치는 힘이 주어졌을 때, 우리는 방정식을 이용해서 쉽게 가속도를 구할 수 있다. 그러나 이것은 잘못된 문제에 대한 답이다. 포탄의 가속도가 항상 $-10 m/sec^2$라는 것을 알았다고 해서 포탄이 그리는 궤적의 형태가 저절로 드러나는 것은 아니다. 미적분학이라는 수학의 한 분야가 등장하게 된 것은 바로 그 때문이다. 실제로 뉴턴이(그리고 라이프니츠가) 미적분학을 발명하게 된 것도 그 때문이었다. 미적분은 어떤 순간의 가속도에 대한 지식을 통해 특정 순간의 속도에 대한 지식을 얻을 수 있는 기법, 즉 오늘날 적분이라고 불리는 방법을 제공해 준다. 이 방법을 사용하면 어떤 순간의 위치도 알 수 있게 된다. 이것이 바로 '올바른' 물음에 대한 대답이다.

앞에서도 이야기했듯이 속도란 위치의 변화율이며, 가속도는 속도의 변화율이다. 미적분은 이러한 변화율과 연관된 문제를 풀기 위해서 고안된 수학 체계이다. 특히 미적분은 변화율을 찾아낼 수 있는 방법을 제공해 준다. 우리는 그 방법을 미분이라고 부른다. 적분은 미분으로 얻은 결과를 원래의 상태로 '되돌린다.' 따라서 두 번 미분한 처음의 값(또는 패턴)을 구하려면 적분을 두 번 하면 된다. 로마 신화에 등장하는 신 야누스의 두 얼굴처럼 미적분의 두 가지 방법은 서로 반대쪽을 향하고 있는 것이다. 두 얼굴을 가지고 있는 미적분은 여러분에게, 만약 여러 가지 함수들 중에서 특정 순간의 어느 한 가지—가령 위치, 속도, 가속도—를 알고 있다면, 나머지 둘을 계산해 낼 수 있다고 말한다.

뉴턴의 운동 법칙은 우리에게 매우 중요한 교훈을 준다. 그것은 자연에서 나타나는 움직임을 설명하는, 이른바 자연의 법칙이 반드시 손으로 만질 수 있는 것이거나 눈으로 볼 수 있는 것이어야 할 필요가 없다는 것이다. 우리가 관찰할 수 있는 움직임과 그런 움직임을 일으키는 법칙 사이에는 심연이 가로놓여 있으며, 인간의 정신은 수학 계산을 통해서만 그 심연을 건널 수 있다. 그렇지만 이 말이 곧 "자연이 수학이다."라는 뜻은 아니다. 또는 물리학자 폴 디랙(Paul Dirac)이 말했듯이 "신은 수학자이다."라는 말도 아니다. 어쩌면 자연의 패턴과 규칙성은 그와는 다른 기원을 가지고 있을 것이다. 그러나 최소한 수학은 인간을 그런 패턴들에 대한 파악으로 이끄는 극도로 효율적인 지름길인 것은 분명하다.

그 길을 따라간 아이작 뉴턴의 기본적인 통찰——자연계의 모든 형태가 수학적 대상으로 기술(記述)될 수 있듯이 자연에서 일어나는 변화는 수학적 과정으로 기술될 수 있다는 통찰——에 의해 발견된 모든 물리 법칙들은 서로 비슷한 특성들을 가지고 있다. 그 법칙들은 일련의 방정식으로 표현되는데, 그 방정식들은 우리가 가장 큰 관심을 두고 있는 물리적인 양을 다루는 것이 아니라, 그 양이 시간의 경과에 따라 변화하는 비율 또는 그 비율이 다시 시간에 따라 변화하는 비율 등을 다룬다.

일례로 도체를 통해 전달되는 열을 계산하는 '열전도 방정식(heat equation)'은 그 물체의 온도 변화율을 다룬다. 또한 물, 공기, 그 밖의 매질 속을 통과하는 파동의 운동을 규정하는 '파동 방정식'은 파동 진폭의 변화율을 다룬다. 빛, 소리, 전기, 자기, 물질의 탄성, 유체의 흐름, 화학 반응 등을 다루는 물리 법칙들은 모두 여러 가지 변화율에 대한 방정식이다.

변화율이 현재의 특정한 양의 값과 극히 짧은 시간이 지난 후의 그 양의 값 사이의 차이(difference)이기 때문에, 이런 종류의 방정식들을 미분 방정식(differential equation)이라고 부른다. '미분(differentiation)'이라는 말도 같은 어원을 가지고 있다. 뉴턴 이래 수리 물리학의 가장 큰 목표는 우주 전체를 미분 방정식으로 기술한 다음 그 방정식을 푸는 것이었다.

그러나 우리가 이 전략을 좀 더 복잡한 영역에서 추구해 나가는 과정에서, '풀다(solve)'라는 말이 가진 의미는 중요한 일련의 변화를 거친다. 원래 '풀다'라는 말은 어떤 계가 어느 순간에 어떤 상태에 있는가를 기술하는 정확한 수학 공식을 찾는다는 의미를 가지고 있다. 뉴턴이 찾아 낸 또 하나의 중요한 자연 패턴인 중력의 법칙은 이런 종류의 풀이에 기조를 두고 있다. 그는 행성들이 타원 궤도를 그린다는 케플러의 발견에서 출발해서, 역시 케플러가 찾아 낸 그 밖의 두 가지 수학적 규칙성을 거기에 결합시켰다. 뉴턴은 케플러가 발견한 패턴을 만들기 위해서는 행성에 어떤 종류의 힘이 미쳐야 하는가라는 물음을 제기했다. 실제로 뉴턴은 연역법이 아니라 귀납법을 이용해서 행성들의 움직임에서 역으로 법칙을 이끌어내려고 했다. 그리고 그는 매우 아름다운 결과를 발견했다. 필연적으로 힘은 항상 태양의 방향을 가리킬 수밖에 없으며, 그 힘은 행성과 태양 사이의 거리가 늘어남에 따라 줄어든다는 것이다. 게다가 이 힘의 감소는 아주 간단한 수학 법칙, 즉 거리 역제곱의 법칙에 따른다. 예를 들어 어떤 행성까지의 거리가 2배로 늘어나면 그 행성에 미치는 힘은 4분의 1이 되고, 거리가 3배로 늘어나면 힘은 9분의 1로 줄어든다. 이 발견을 기초로——그것은 너무도 우아한 법칙이었기 때문에 틀림없이 이 세계의 깊은 진리를 감추고 있을 것이라고 믿어졌다.——모든 힘의 근원이 태양일 것이라는 이해에 이르는 작은 한 걸음을 내딛게 되었다. 태양은 행성을 끌어당긴다. 그러나 그 인력은 행성이 멀리 떨어져 있을수록 약해진다. 그것은 매우 설득력 있는 개념이었다. 따라서 뉴턴은 큰 지적 도약을 감행했다. 같은 종류의 인력이 전 우주의 삼라만상 사이에서 모두 작용할 것이라고 가정한 것이다.

그리고 그 힘에 관한 법칙을 (귀납적으로) '유도해 낸' 뉴턴은 행성 운동의 기하학을 연역해서 자신의 이론을 완벽하게 구축했다. 그는 거리 역제곱의 법칙에 따르는, 서로 인력을 미치는 두 천체로 이루어진 계에 대한 방정식을 자신의 운동 법칙과 중력 법칙으로 '풀어냈다.' 당시 '풀었다'라는 말은 그 천체들의 운동을 설명할 수 있는 수학 공식을 발견했다는 의미였다. 그 공식은 천체들이 공통의 질량 중심 주위를 타원 궤도로 공전함을 암시했다. 화성이 거대한 타원을 그리며 태양 주위를 돌고, 태양 역시 비록 알아차릴 수 없을 만큼 미세하게나마 타원 궤도를 그리며 움직인다는 것이다. 실제로 태양의 질량은 화성과 비교할 수 없을 만큼 크기 때문에 두 천체의 질량 중심은 태양 표면 아래쪽에 형성된다. 우리는 이 사실을 통해 왜 케플러가 화성이 정지해 있는 태양 주위를 타원 궤도를 그리며 돈다고 생각했는지 설명할 수 있다.

그러나 뉴턴과 그를 계승한 과학자들이 3개 또는 그 이상의 천체들로 구성된 계 ― 달·지구·태양, 또는 태양계 전체 ― 에 대한 방정식을 풀어서 뉴턴이 세운 승리의 탑을 한층 높이 쌓아 올리려고 시도했을 때 그들은 기술적인 문제에 부딪혔다. 그리고 그들은 '풀다'라는 말의 의미를 새롭게 바꾸지 않고는 그 난관에서 벗어날 수 없었다. 그들은 그 방정식을 정확하게 풀 수 있는 어떤 공식도 찾아내지 못했고, 결국 그 작업을 포기하고 말았다. 그 대신 그들은 그 근삿값을 계산할 수 있는 방법을 찾아내는 데 노력을 경주했다. 일례로 1860년경 프랑스의 천문학자 샤를외젠 들로네(Charles-Eugene Delaunay)는 한 권의 저서 전체를 지구와 태양의 인력에 영향을 받는 달의 움직임에 대한 근삿값 계산으로 가득 채우기도 했다. 그것은 그야말로 대단히 정확한 근삿값이었고——책 한 권을 모두 채울 만큼의 분량에 이른 것은 그 때문이다.——그 작업을 하는 데 꼬박 20년이 걸렸다. 그런데 1970년에 기호대수(symbolic-algebra) 컴퓨터 프로그램을 이용해서 충분한 검산을 거치는 데는 고작 20시간밖에 걸리지 않았다. 그 결과 들로네의 계산에서는 겨우 세 군데밖에 실수가 발견되지 않았다. 그것도 모두 중요치 않은 실수였다.

달 · 지구 · 태양으로 이루어진 계의 운동을 흔히 3체 문제(three-body problem)라고 부른다. 그렇게 불리는 데는 충분한 이유가 있다. 그 문제는 뉴턴이 깔끔하게 풀었던 2체 문제(two-body problem)와는 전혀 다르기 때문에, 다른 은하나 다른 우주의 다른 행성에서 고안된 문제가 아닐까 하는 생각이 들 정도였다. 3체 문제는 거리 역제곱의 중력 법칙하에서 3개의 질량 사이에 일어나는 운동을 기술하는 방정식의 풀이를 요구한다. 지난 수세기 동안 많은 수학자들이 그 문제의 답을 구하기 위해 애썼다. 그러나 들로네가 계산한 근삿값을 제외한다면, 수학자들은 놀랄 만큼 완벽하게 실패한 셈이다. 들로네의 경우도 달 · 지구 · 태양이라는 특수한 경우에 대해서만 근삿값을 얻었을 뿐이다. 그나마 세 천체 중 한 천체의 질량이 아주 작아서 나머지 두 천체에 대해 전혀 영향을 미치지 않는다고 간주될 수 있는, 이른바 제한된 3체 문제도 아주 다루기 힘들다는 것이 증명되었다. 그것은 설령 그 법칙을 알아낸다고 해도 그 계가 어떻게 움직이는지 이해하기에는 불충분하며, 법칙과 실제 움직임 사이에 가로놓인 심연을 언제나 건널 수는 없다는 최초의 진지한 암시였다.

뉴턴 이래 3세기 이상의 기간에 걸친 엄청난 노력에도 불구하고, 우리는 아직도 3체 문제에 대해 만족할 만한 해답을 얻지 못하고 있다. 그러나 마침내 우리는 왜 그 문제가 그처럼 풀기 어려운가 하는 이유를 알아냈다. 2체 문제는 '적분 가능'하다. 다시 말해서 에너지와 운동량 보존의 법칙이 그 풀이를 제한하기 때문에 간단한 수학적 형태를 띨 수밖에 없는 것이다. 1994년에 조지아 기술 연구소(Georgia Institute of Technology)의 치홍 시아(Zhihong Xia)는 수학자들이 오랫동안 추측만 해 왔던 사실을 증명했다. 그것은 3체로 이루어진 계는 적분이 불가능하다는 것이다. 그리고 그는 한 걸음 더 나아가, 그런 계가 아르놀드 확산(Arnold diffusion)이라는 신기한 현상을 나타낸다는 것을 증명해 냈다. 아르놀드 확산은 1964년에 모스크바 주립 대학교의 블라디미르 아르놀드(Vladimir Arnold)가 처음 발견했다. 아르놀드 확산은 상대적인 궤도 위치에서 극도로 느리고 '임의적인' 드리프트(drift, 흐름)를 일으킨다. 그런데 이 드리프트는 실제로는 임의적이지 않다. 그것은 오늘날 카오스라고 알려져 있는 행동 유형의 한 보기이다. 카오스란 순수하게 결정론적인 원인에 의해 나타나지만 겉으로는 임의적인 것처럼 보이는 행동을 말한다.

여기에서 이 접근 방식이 다시 한번 '푼다'는 의미를 변화시키고 있다는 점을 주목하라. 처음에 그 말은 '공식을 발견한다.'였다. 그런 다음에는 '근삿값에 해당하는 값을 찾는다.'가 되었다. 마지막으로 그 의미는 실질적으로 '내게 그 풀이가 어떤 것인지 이야기해 준다.'로 바뀌었다. 그동안 정량적(定量的)인 답이 차지하고 있던 자리를 정성적(定性的) 답이 차지하게 것이다. 어떤 면에서 여기에서 일어난 일들은 일종의 퇴행처럼 생각될지도 모른다.── 공식을 얻기 힘들면 근삿값을 찾는다. 근삿값도 찾아내기 힘들면 정성적인 기술을 구하려고 한다. 그러나 이러한 발전 과정을 퇴행이라고 보는 것은 잘못이다. 이러한 의미 변화가 우리에게 3체 문제와 같은 문제들에는 어떤 공식도 있을 수 없다는 것을 가르쳐 주기 때문이다. 우리는 공식으로 포착할 수 없는 풀이에 정성적인 측면들이 존재한다는 것을 증명할 수 있다. 이런 문제에 대해 공식을 찾으려 하는 것은 존재하지도 않는 환상의 대발견을 하려는 것과 마찬가지이다.

사람들이 가장 먼저 공식을 원한 이유는 무엇일까? 역학이 수립된 초기에는 어떤 종류의 운동이 일어날 것인가에 대한 해답을 구하는 유일한 방법이 그것이었기 때문이다. 후일 근삿값을 통해 똑같은 정보를 연역할 수 있었다. 그리고 오늘날에는 운동의 주된 정성적인 측면들을 직접적이고 훨씬 정확하게 다룰 수 있는 이론을 통해 그 답을 구할 수 있게 되었다. 다음 몇 장에서 살펴보게 되겠지만, 정성적인 이론을 향한 이 움직임은 퇴행이 아니라 크나큰 진보이다. 역사상 처음으로 우리는 자연의 패턴들을 그 고유한 모습 그대로 이해하기 시작한 것이다.

5
바이올린에서 비디오까지

앞에서도 이야기했듯이, 우리는 전통적으로 수학을 순수 수학과 응용 수학으로 나누는 데 익숙해 있다. 만약 고대의 위대한 수학자들이 이 사실을 알았더라면 무척 놀랐을 것이다. 일례로 카를 프리드리히 가우스는 정수론(整數論, 정수의 성질을 연구하는 이론)이라는 상아탑 속에 있을 때 가장 행복했다. 그 상아탑 속에서 그는 숫자들의 추상적인 패턴에 깊이 매료되었다. 그 이유는 단지 그 패턴들이 아름답고 그의 연구욕을 불질렀기 때문이었다. 그는 정수론을 '수학의 여왕'이라고 불렀다. 여왕이란 고상한 미인으로, 결코 세속적인 일로 손을 더럽히지 않는다는 시적 상상은 그의 정신적 특성과 동떨어지지 않았다. 그러나 그는 최초로 발견된 소행성인 세레스의 궤도를 계산하기도 했다. 세레스 행성은 발견된 직후 태양 뒤편(지구에서 보았을 때)으로 들어가 더 이상 관찰할 수 없었다. 그 궤도를 정확히 계산해 내지 못하는 한, 그 소행성이 수개월 후 다시 관찰이 가능한 위치로 온다 해도 천문학자들은 그것을 찾을 수 없었다. 더구나 관찰할 수 있는 소행성의 수가 극히 적었기 때문에, 궤도를 계산하는 표준 방법으로는 요구되는 정확도를 얻을 수 없었다. 그래서 가우스는 매우 중요한 여러 가지 발명을 했다. 그중 일부는 오늘날까지도 계속 사용되고 있는데, 그것은 예술로 말하자면 대가의 걸작과도 같은 것이었다. 그가 명성을 떨치게 된 것도 바로 그 발명 덕분이었다. 그렇지만 그가 자신의 연구를 실용적인 목적에 적용한 것이 그것 하나만은 아니었다. 여러 가지 중에서 실용화된 가장 중요한 발명들을 꼽는다면, 측량, 전신, 그리고 자기(磁氣)의 이해에 미친 영향을 들 수 있다.

가우스의 시대에는 한 사람이 당시까지 발전된 수학 전체를 파악하는 것이 가능했다. 그러나 오늘날에는 과학의 고전적인 분야들이 방대한 규모로 발전하면서, 한 사람의 지성으로는 그중 하나도 제대로 파악하기 힘들게 되었다. 우리는 전문가의 시대에 살고 있는 것이다. 만약 사람들이 수학의 이론적 분야나 응용 분야만을 연구한다면, 수학이 갖고 있는 상호 유기적인 특성을 제대로 이해하기 힘들 것이다. 대부분의 사람들은 그 두 가지 경향 중에서 어느 한쪽을 더 좋아하게 마련이다. 따라서 이러한 개인적인 선호가 순수 수학과 응용 수학이라는 구별을 더욱 강화시키는 역할을 한다. 불행하게도 일반인들은 수학에서 실생활에 유용한 부분은 ─그 이름이 암시하듯─ 오직 응용 수학뿐이라는 식으로 생각하곤 한다. 이미 수립된 수학적 방법의 경우에는 이런 가정이 타당할 것이다. 그 기원이 어떻든 간에, 실질적으로 유용한 것은 결국 모두 '응용'으로 간주된다. 그러나 그런 생각은 실용적으로 중요한 의미를 가진 새로운 수학이 탄생하는 기원에 대해 극도로 왜곡된 시각을 갖게 할 우려가 있다. 뛰어난 개념이란 아주 드물다. 그러나 그런 개념들은 수학자들이 구체적이고 실질적인 문제를 해결하려고 시도할 때와 마찬가지로, 풍부한 상상력으로 수학의 내적 구조를 꿈꿀 때에도 떠오를 수 있다. 이 장에서는 수학의 역사에서 바로 그런 경우에 해당하는 순간들을 살펴보기로 하겠다. 그 중에서 가장 두드러진 사례가 우리의 생활과 세계를 바꾸어 놓은 텔레비전의 발명이다. 그것은 순수 수학과 응용 수학이라는 수학의 두 측면이 한데 결합해서 두 분야가 독자적으로 얻을 수 있는 것보다 훨씬 강력하고 중요한 결과를 낳은 본보기이다. 텔레비전 발명의 뿌리는 16세기까지 거슬러 올라간다. 그 이야기는 바이올린의 현(絃)의 진동에 얽힌 문제에서 시작된다. 현의 진동이라고 하면 실용적인 문제였을 것 같지만 사실은 주로 미분 방정식의 풀이를 구하는 연습으로 연구되었다. 다시 말해서 그것은 바이올린이라는 악기의 음질을 높인다는 실용적인 목적을 위해 연구된 것이 아니었다.

두 고정점 사이에 매어진 바이올린의 현을 상상해 보자. 만약 여러분이 그 현을 잡아당긴 다음 다시 놓는다면 어떤 일이 일어날까? 현을 한쪽으로 당기면 탄성이 증가해서 현을 원래 위치로 되돌리려는 힘이 일어난다. 현을 놓으면, 뉴턴의 운동 법칙에 따라 원래 위치로 돌아가려는 힘이 작용해서 가속되기 시작한다. 그러나 원래의 위치에 도달했을 때, 현은 여전히 빠른 속도로 움직이고 있다. 따라서 원래의 직선 위치를 벗어나 반대쪽으로 계속 나아가게 된다. 이번에는 탄성이 반대 방향으로 작용한다. 그리고 이런 과정이 반복되면서 현의 움직임은 차츰 느려지고, 마침내 정지하게 된다. 만약 마찰력이 없다면 현은 양쪽으로 영원히 진동을 계속할 것이다.

현의 진동에 대해 납득할 만한 설명은 위와 같다. 수학 이론의 역할 중 하나는 이런 시나리오가 실제로 타당한지, 또한 타당하다면 어느 순간에 현이 어떤 모양을 취할 것인지 같은 세부적인 문제를 밝혀낼 수 있는지 확인하는 것이다. 그것은 매우 복잡한 문제이다. 같은 현이라도 어떻게 튕겨지는가에 따라 전혀 다른 방식으로 진동할 수 있기 때문이다. 고대 그리스 인들은 이미 그 사실을 알고 있었다. 실험을 통해 진동하는 현이 여러 가지 다른 음조를 낼 수 있다는 것을 발견했기 때문이다. 그리고 후세 사람들은 어떤 음의 음고(音高)가 진동의 주파수—현이 앞뒤로 떨리는 빈도—에 의해 결정된다는 것을 알아냈다. 따라서 그리스 인들의 발견은 우리에게 같은 현도 서로 다른 여러 주파수로 진동할 수 있음을 알려준 셈이다. 각각의 주파수는 진동하는 현의 다양한 형태에 상응하며, 그 현은 여러 가지 형태를 띨 수 있다.

현의 진동은 너무 빠르기 때문에 맨눈으로는 어떤 순간의 모습을 포착할 수 없다. 그러나 그리스 인들은 현이 여러 가지 주파수로 진동할 수 있다는 생각을 뒷받침하는 중요한 증거를 찾아냈다. 그들은 음고가 진동절(node)—정지해 있는 현의 세로 방향의 여러 지점—의 위치에 따라 달라진다는 것을 증명했다. 바이올린이나 밴조, 또는 기타를 이용해서 여러분도 직접 실험할 수 있다. 악기의 현이 '최저음'으로 진동할 때에는 양쪽 끝 지점만이 정지해 있다. 손가락으로 현의 중간 지점을 짚어 진동절을 만든 다음, 손가락으로 현을 퉁기면 한 옥타브(8도 음정) 높은 음을 낸다. 손가락으로 현의 3분의 1 되는 지점을 짚어서 2개의 진동절(다른 하나는 현의 3분의 2 지점)을 만들면 앞의 경우보다 높은 음을 얻게 된다. 진동절이 많으면 많을수록 주파수는 높아진다. 일반적으로 진동절의 숫자는 정수이며, 진동절의 간격은 일정하다.

이때 나타나는 진동은 모두 정상파(定常波)이다. 다시 말해서 위아래로만 움직일 뿐 현의 세로 방향으로는 전달되지 않는 파동이라는 뜻이다. 이 상하 운동의 크기를 그 파동의 진폭이라고 하며, 이 진폭이 음의 세기를 결정한다. 이런 파동을 사인(sine)파라고 한다. 그 명칭이 붙은 이유는 사인 곡선과 비슷하게 생겼기 때문이다. 삼각법의 사인 곡선은 물결 모양으로 굽이치는 곡선이 계속 반복되는 형태를 띤다.

1714년에 영국의 수학자 브룩 테일러(Brook Taylor)는 현의 길이, 장력, 밀도의 측면에서 바이올린 현의 기본 진동수를 연구한 결과를 발표했다. 1746년 프랑스 인 달랑베르(d'Alembert)는 바이올린 현의 진동 중 다수가 사인 정상파가 아니라는 사실을 증명했다. 실제로 그는 파동의 순간적인 형태가 우리가 상상하는 모습과는 다르다는 것을 입증했다. 1748년에 달랑베르의 연구에 자극을 받은 스위스의 수학자 레온하르트 오일러(Leonhard Euler)는 현의 '파동 방정식(wave equation)'을 정립했다. 뉴턴의 이론과도 맞아떨어지는 그 방정식은 현의 형태에서 나타나는 변화율을 보여 주는 미분 방정식이다. 좀 더 정확하게 이야기하자면 그것은 '편미분 방정식(partial differential equation, 미지 함수의 편도함수를 포함한 미분 방정식—옮긴이)'이다. 그것은 그 방정식에 시간과 관계된 변화율뿐 아니라 공간, 즉 현의 세로 방향 변화율까지 포함되어 있다는 뜻이다. 그 방정식은 현의 작은 각 부분들의 가속도가 그 부분에 작용하는 장력에 비례한다는 개념을 수학적 언어로 표현하고 있는 것이다. 따라서 그 방정식은 뉴턴의 운동 법칙의 결과물인 셈이다.

오일러는 파동 방정식을 세웠을 뿐 아니라 그 방정식을 풀기도 했다. 그의 풀이는 몇 마디로 나타낼 수 있다. 우선 현을 포물선, 삼각형 또는 여러분 스스로 고안한 불규칙한 곡선 등 어떤 형태로든 변형시킨다. 그런 다음, 그 형태가 현을 따라 오른쪽 방향으로 전파된다고 상상하라. 그 파동을 '오른쪽으로 진행하는 파동'이라고 부르기로 하자. 그리고 선택한 형태의 아래위를 뒤집어서 반대 방향으로 진행한다고 상상하자. 이렇게 되면 '왼쪽으로 진행하는 파동'을 만든 셈이다. 마지막으로 이 두 가지 파동을 겹쳐 놓는다. 이 과정을 통해 양쪽 끝이 고정되어 있는 현의 파동 방정식에서 얻을 수 있는 모든 풀이에 도달할 수 있을 것이다.

이 풀이를 발견하자마자 오일러는 다니엘 베르누이(Daniel Bernoulli)와 논쟁을 벌이게 되었다. 베르누이의 가족은 벨기에의 안트베르펜(Antwerpen, 영어식 표기인 앤트워프의 벨기에 식 표기—옮긴이) 출신으로, 독일로 이주했다가 종교 박해를 피해 다시 스위스로 옮겼다. 베르누이 역시 파동 방정식을 풀었다. 그러나 그는 전혀 다른 방법을 사용했다. 베르누이에 따르면, 가장 일반적인 풀이는 무한히 많은 사인 정상파의 중첩으로 표현될 수 있었다. 두 사람 사이의 두드러진 의견 차이는 이후 100여 년 동안 계속된 논쟁의 불씨가 되었다. 결국 그 논쟁은 오일러와 베르누이 두 사람 다 옳다는 결론으로 끝났다. 두 사람이 모두 옳은 이유는, 주기적으로 변화하는 모든 형태는 사인 곡선 무한개의 중첩으로 표현될 수 있기 때문이다. 오일러는 자신의 접근 방식이 훨씬 다양한 형태들에 도달할 것이라고 믿었다. 왜냐하면 그는 그 형태들의 주기성을 인식하지 못했기 때문이다. 그러나 수학적 분석은 무한히 긴 곡선에서 이루어진다. 두 끝점 사이의 형태는 문제 곡선의 일부분이다. 따라서 그 형태는 아주 긴 현 위에서 본질적인 변화 없이 주기적으로 반복될 수 있다. 따라서 오일러의 우려는 공연한 것이었다.

결국 그 기나긴 논쟁의 최종 결론은 사인 곡선이 진동의 가장 기본적인 구성 요소라는 것이었다. 발생할 수 있는 모든 진동은 가능한 모든 진폭을 가진 유한 또는 무한의 사인파의 합으로 이루어질 수 있다는 말이다. 다니엘 베르누이는 그 점을 이렇게 주장했다. "달랑베르와 오일러가 내놓은 모든 새로운 곡선들은 테일러 진동의 조합에 불과할 뿐이다."

오랜 기간 동안 사람들을 괴롭혔던 모순이 해결되면서, 바이올린 현의 진동 역시 수수께끼의 베일을 벗게 되었다. 그리고 수학자들은 좀 더 큰 사냥감을 찾아 나섰다. 바이올린 현은 1차원 물체로 이루어진 곡선이다. 그러나 1차원 이상의 물체도 진동할 수 있다. 2차원 진동을 이용하는 가장 대표적인 악기는 북이다. 북의 가죽은 선이 아닌 면이기 때문이다. 따라서 수학자들은 북으로 관심을 돌리기 시작했다. 오일러는 1759년에 가장 먼저 이 문제에 손을 댔다. 이번에도 그는 하나의 파동 방정식을 세웠다. 그 방정식은 가죽의 수직 방향의 변위가 시간의 경과와 함께 변화하는 모습을 기술한 것이었다. 그 방정식을 물리적으로 해석하면, 북의 가죽 일부의 가속도가 그 부분에 인접한 다른 모든 부분에 의해 야기되는 평균 장력에 비례한다는 것이었다. 기호의 측면에서 그 방정식은 1차원 파동 방정식과 흡사하게 보인다. 그러나 북의 경우에는 시간에 따른 변화율뿐 아니라 두 가지 독립적인 방향에서의 공간(2차) 변화율이 포함된다.

바이올린 현의 양끝은 고정되어 있다. 이 '경계 조건(boundary condition)'은 매우 중요한 영향을 미친다. 파동 방정식의 어떤 풀이들이 바이올린 현에 물리적으로 의미를 갖는지를 그 조건이 결정해 주는 것이다. 여기에서 경계의 문제는 절대적인 중요성을 갖는다. 북은 차원에서만 바이올린 현과 다른 것이 아니라, 훨씬 흥미로운 경계를 갖는다는 점에서도 차이를 갖는다. 다시 말해서 북의 경계는 폐곡선(閉曲線), 즉 원이다. 그러나 현의 경계와 마찬가지로, 북의 경계 역시 고정되어 있다. 가장자리를 제외한 가죽의 다른 부분은 움직일 수 있다. 그러나 테에 의해 단단히 고정되어 있다. 이 경계 조건이 가죽의 운동을 제약한다. 바이올린 현의 끝점들은 폐곡선만큼 흥미롭거나 다양하지 못하다. 경계가 하는 진정 중요한 역할은 2차원 이상의 차원에서 비로소 두드러진다.

파동 방정식에 대한 이해 수준이 높아지면서, 18세기 수학자들은 여러 가지 형태의 북의 움직임을 파동 방정식으로 푸는 방법을 알게 되었다. 그러나 이제 파동 방정식은 음악의 영역을 벗어나 수리 물리학에서 없어서는 안 될 중요한 위치를 차지하게 되었다. 그것은 지금까지 수립된 수학 공식 중에서 가장 중요한 방정식 중 하나일 것이다. ──하나의 방정식으로 과학의 역사를 뒤흔든 가장 유명한 예로는 질량과 에너지 사이의 관계를 나타낸 아인슈타인의 방정식($E=mc^2$)을 들 수 있을 것이다. 그것은 수학이 자연의 숨겨진 통일성을 어떻게 들추어내는지를 극적으로 보여 준 예라 할 수 있다. 이와 같은 방정식이 세계 구석구석의 모습을 밝혀내기 시작했다. 그 방정식은 유체 역학이라는 이름으로 액체의 파동 운동과 그 공식을 기술했다. 그리고 소리의 이론에서는, 음파가 공기를 진동시켜 공기 분자를 번갈아 압축 이완시키면서 전파되는 과정을 나타냈다. 그리고 역시 같은 방정식이 전기와 자기 이론이라는 또 다른 모습으로 인류 문화를 그 이전 시대와는 전혀 다른 모습으로 바꾸어 놓았다.

전기와 자기는 파동 방정식보다 훨씬 복잡하고 오랜 역사를 가지고 있다. 거기에는 수학적, 물리학적 이론뿐 아니라 전혀 기대하지 않은 우연한 발견과 중요한 실험이 포함된다. 그 이야기는 엘리자베스 1세(Elizabeth I) 시대의 수학자인 윌리엄 길버트(William Gilbert)로부터 시작된다. 그는 지구를 거대한 자석으로 묘사했고, 전기를 띠게 된 물체들이 서로를 끌어당기거나 밀어낼 수 있다는 사실을 관찰을 통해 알아냈다. 이후 벤저민 프랭클린(Benjamin Franklin)과 같은 사람이 그 역사에 가담했다. 프랭클린은 폭풍우가 몰아치던 1752년의 어느 날 연을 날리는 실험을 통해 번개가 전기의 일종이라는 사실을 증명했다. 전기 충격을 가하면 죽은 개구리의 근육을 수축시킬 수 있다는 것을 알아낸 루이지 갈바니(Luigi Galvani), 최초의 배터리를 발명한 알레산드로 볼타(Alessandro Volta) 등도 그 대열에 동참했다. 이러한 초기의 발전 과정에서 전기와 자기는 서로 독립적인 자연 현상으로 여겨졌다. 이 두 가지 현상을 하나로 통합시킨 사람이 영국의 물리학자이자 화학자인 마이클 패러데이(Michael Faraday)였다. 당시 그는 런던에 있는 왕립 학회에서 연구하고 있었는데, 그에게 주어진 임무 중 하나는 과학에 흥미를 느끼고 있던 회원들을 즐겁게 해 주기 위해 일주일에 한 번씩 실험을 고안하는 일이었다. 새로운 끊임없이 실험거리를 고안해야 한다는 요구가 패러데이를 모든 시대를 통틀어 가장 위대한 물리학자 중 한 사람으로 만들었다. 특히 그는 자력으로 전류를 일으킬 수 있다는 사실을 알고 있었기 때문에 전기와 자기에 매료되었다. 그는 자기가 전기를 일으킬 수 있다는 사실과 그 역을 증명하기 위해서 무려 10년을 보냈고, 1831년에 마침내 성공을 거두었다. 그는 자기와 전기가 전자기(電磁氣)라는 동일한 현상의 두 가지 다른 측면임을 증명했다. 당시 윌리엄 4세(William IV)가 패러데이에게 그의 흥미로운 과학적 발견을 어떤 용도에 쓸 수 있느냐고 묻자, 그는 이렇게 대답했다고 한다. "저는 그 점에 대해서는 알지 못합니다, 폐하. 그렇지만 머지않아 폐하께서 그것에 세금을 물릴 수 있을 것이라는 사실은 알고 있습니다." 그의 말처럼 곧 실제적인 응용이 이루어졌다. 그것은 우리가 잘 알고 있는 전동기(전기 에너지가 자기 에너지를 일으키고, 그 자기 에너지가 운동 에너지를 생성시킨다.)와 발전기(운동 에너지가 자기 에너지를 만들고, 다시 전기 에너지로 바꾼다.)이다. 그러나 패러데이는 전자기 '이론'을 세우기 위한 노력도 계속했다. 수학자가 아니었던 그는 자신이 품고 있던 생각을 물리적 상상에 쏟아 부었다. 그중에서 가장 중요한 개념은 역선(力線, line of force)이라는 개념이었다. 가령 자석 위에 종이를 한 장 올려놓고,

그 종이 위에 쇳가루를 뿌린다고 하자. 그러면 쇳가루들은 질서정연하게 곡선을 그리면서 배열될 것이다. 이렇게 나타나는 곡선에 대한 패러데이의 해석은 자기력이 어떤 매개 물질 없이 '원격' 작용을 하지는 않는다는 것이었다. 그 대신 자기력은 공간을 통해 곡선으로 전파된다고 보았다. 전기력에 대해서도 마찬가지였다.

패러데이는 수학자가 아니었지만 그의 지적 계승자인 제임스 클러크 맥스웰(James Clerk Maxwell)은 수학자였다. 맥스웰은 역선에 대한 패러데이의 개념을 전기장과 자기장의 수학 방정식으로 표현했다. 다시 말해서 전기장과 자기장을 공간 속 전하(電荷)와 자하(磁荷)의 분포라는 측면으로 기술한 것이다. 1864년에 그는 자신의 이론을 한층 발전시켜서, 자기장의 변화와 전기장의 변화 사이의 관계를 네 가지 미분 방정식으로 설명하는 이론 체계를 구축했다. 그 방정식은 매우 아름다웠고, 비슷한 방식으로 서로에게 영향을 미치는 전기와 자기 사이의 신비스러운 대칭과 균형을 밝혀냈다.

인간 정신은 맥스웰의 방정식을 구성하는 우아한 기호들 속에서 바이올린에서 비디오에 이르는 거대한 도약을 하게 된 것이다. 맥스웰의 방정식(그 방정식은 이미 전자기파의 존재를 암시하고 있었다.)

에서 파동 방정식을 뽑아 낸 몇 개의 간단한 대수적인 조작만으로 그 엄청난 도약이 가능해졌다. 게다가 파동 방정식은 전자기파가 빛의 속도로 움직인다는 놀라운 사실을 시사하고 있었다. 그 사실에서 곧바로 빛 역시 일종의 전자기파라는—빛의 속도로 움직이는 가장 잘 알려진 전자기파가 바로 빛이다.—사실을 유도할 수 있었다. 그러나 바이올린의 현이 여러 주파수로 진동할 수 있듯이—파동 방정식에 따르면—전자기장 역시 여러 가지로 진동할 수 있다. 육안으로 관찰할 수 있는 파동의 경우, 그 주파수의 차이가 바로 색으로 우리 눈에 나타난다. 서로 다른 주파수로 진동하는 현들은 여러 가지 음을 생성한다. 마찬가지로 서로 다른 주파수를 가진 눈에 보이는 전자기파들은 여러 가지 색을 만드는 것이다. 그 주파수가 가시 영역을 넘어서면, 파동은 광파(光波)가 아닌 다른 것으로 바뀐다.

그것이 무엇일까? 맥스웰이 그의 방정식을 정립했을 때는 아무도 그것을 알지 못했다. 어쨌든 지금까지의 모든 이야기는 맥스웰의 방정식이 실제로 물리 세계에 적용된다는 가정하에 이루어진 순수한 가설일 뿐이다. 그의 방정식은 이 파동들이 실재로 받아들여지기 전에 검증을 거쳐야 했다. 맥스웰의 생각은 영국에서 약간의 지지를 얻기도 했지만, 1886년에 독일의 물리학자 하인리히 헤르츠(Heinrich Hertz)가 실제로 전자기파를 만들기까지 거의 완전히 잊혀지고 말았다. 헤르츠는 오늘날 우리가 전파라고 부르는 주파수대의 전자기파를 생성했고, 그것을 실험적으로 검출하는 데 성공했다. 이 기나긴 이야기의 대단원을 맺은 사람은 굴리엘모 마르코니(Guglielmo Marconi)였다. 그는 1895년에 세계 최초로 무선 전신을 발명했고, 1901년에는 대서양을 가로질러 전파를 송수신하는 데 성공했다.

그 후의 역사는 우리도 잘 알고 있다. 레이더, 텔레비전, 그리고 비디오테이프의 발명이 뒤를 이었다.

물론 이것은 수학, 물리학, 공학, 그리고 재정적 지원이라는 여러 가지 요소 사이의 길고도 복잡한 상호 작용을 뼈대만 간추린 이야기이다. 라디오를 발명한 사람이 바로 자신이라고 주장하고 나설 수 있는 개인은 아무도 없을 것이다. 하나의 학문 분야 역시 마찬가지로 이런 의문을 제기할 수 있을 것이다. 만약 수학자들이 파동 방정식에 대해 이미 많은 것을 알고 있지 못했더라도 결국 맥스웰이나 그의 후계자들은 어떻게 해서든 그 방정식이 무엇을 내포하고 있는지를 파악해 내지 않았을까? 그러나 새로운 사상이나 개념은 폭발적으로 등장하기 전에 항상 임계 질량에 도달해야 한다. 그리고 지금까지 어떤 발명가도 도구를 만들기 위한 도구를 만들기 위한 도구……를 만들 시간이나 상상력을 갖지 못했다. 설령 그것이 지적인 도구라 하더라도 말이다. 한마디로 요약하자면 바이올린에서 시작해서 비디오로 끝나는 분명한 역사적 실타래란 존재하지 않는다는 말이다. 만약 다른 행성 위에서였다면, 모든 일이 전혀 다른 방식으로 진행되었을지도 모른다. 그러나 지금까지 이야기한 것이 바로 우리 지구에서 일어난 과정이다.

그렇지만 다른 행성에서도 다르지 않은, 적어도 어느 정도는 비슷한 일들이 일어났을 수도 있다. 맥스웰의 파동 방정식은 매우 복잡하다. 그 방정식은 3차원 공간에서의 전기장과 자기장의 변수들을 동시에 기술하고 있다. 바이올린 현의 방정식은 그보다 훨씬 간단하다. 1차원 현을 따라 나타나는 하나의 변수——위치——만을 다루기 때문이다. 오늘날 수학적 발견은 단순성에서 복잡성으로 진행하고 있다. 진동하는 현과 같은 간단한 계에 대한 경험이 없었다면, 무선전신(전선 없이 메시지를 전달하는 것을 말한다. 이 용어는 오늘날 시대에 조금 뒤떨어진 감이 있다.)과 같은 구체적인 '목표 지향적인' 공세는 오늘날 반중력(反重力, antigravity), 또는 빛보다 빠른 속도를 달성하기 위한 노력만큼이나 성공을 거두기 힘들었을 것이다. 도대체 어디에서 출발점을 찾아야 할지 아무도 몰랐을 테니까 말이다.

물론 바이올린은 인류 문명 —— 구체적으로는 유럽 문명의 —— 의 우연한 소산이다. 그러나 선의 형태를 띤 물체의 진동은 보편적인 현상이며, 모든 곳에서 여러 가지 모습으로 나타난다. 베텔기우스 II(오리온자리의 적색 거성)에 사는 거미류 외계 생물의 세계에서 거미줄에 잡힌 곤충이 거미줄을 벗어나려고 발버둥치다가 진동이 생겨나고, 그 과정이 전자기파의 발견으로 이어질 수 있을지도 모른다. 그러나 하인리히 헤르츠의 역사적인 발견으로 이어진 특정한 일련의 실험들을 고안해 내는 데는 명확한 사고의 흐름이 필요하다. 그리고 그 사고의 흐름은 아주 간단한 무엇에서 시작되어야 한다. 그 간단한 무엇이 바로 자연의 단순성을 밝혀내는 수학이다. 수학은 단순한 예를 보편화시켜서 실세계의 복잡성에까지 확대할 수 있게 해 준다. 지금까지 꽃핀 여러 인류 문명에서 숱한 사람들이 수학적 통찰력을 유용한 생산물로 바꾸게 해 준 것은 바로 그런 과정이었다. 앞으로 여러분은 워크맨을 귀에 꽂고 조깅을 하면서, 텔레비전을 켜면서, 비디오를 보면서 단 몇 초 동안만이라도 만약 수학자들이 없었다면 그 모든 현대 문명의 경이들이 발명될 수 없었다는 것을 생각해야 할 것이다.

6
대칭 붕괴

<u>인간 정신 속의 무언가가 대칭에 매혹된다.</u> 대칭은 우리의 시각에 강력한 호소력을 발휘한다. 따라서 우리가 느끼는 미적 감각에서 중요한 역할을 담당한다. 그런데 완전한 대칭은 반복적이고 예측이 가능한 한편 우리의 정신은 놀라움을 좋아한다. 고로 우리는 종종 불완전한 대칭 역시 정확한 수학적 대칭만큼이나 아름답다고 느낀다. 자연 역시 대칭을 선호하는 것 같다. 자연계 속에서 무수히 발견되는 두드러진 패턴들은 모두 대칭이다. 다른 한편으로 자연은 지나친 대칭성에 대해서는 불만을 갖는 것 같다. 자연 속의 거의 모든 대칭적 패턴들은 실제로 그 패턴들을 만들어 내는 원인에 비해 덜 대칭적이기 때문이다.

이런 이야기는 조금 이상하게 들릴지도 모르겠다. 여러분은 아내인 마리 퀴리(Marie Curie)와 함께 방사능을 발견한 위대한 물리학자 피에르 퀴리(Pierre Curie)가 "결과는 그 원인만큼이나 대칭적이다."라고 말했다는 것을 기억할 것이다. 그러나 이 세계는 그 원인과는 달리 비대칭적인 무수한 결과들로 가득 차 있다. 그리고 그 이유는 '자연적인 대칭 붕괴(spontaneous symmetry breaking)'라고 알려진 현상이다.

대칭은 미학적 개념이면서 동시에 수학적 개념이기도 하다. 우리는 그 개념 덕분에 여러 가지 유형의 규칙적인 패턴들을 분류하고 그들 사이의 차이를 구분할 수 있다. 그러나 대칭성의 붕괴는 그보다 훨씬 역동적인 개념이다. 그것은 패턴에서 나타나는 변화를 기술한다. 자연의 패턴들이 어디에서 오는지, 그리고 그 패턴들이 어떻게 변화하는지를 이해하기 전에, 우리는 반드시 그 패턴들의 본질을 기술할 수 있는 언어를 찾아야 한다.

과연 대칭이란 무엇일까?

그러면 우선 특수성에서 보편성으로 우리의 논의를 펼쳐 나가 보기로 하자. 우리에게 가장 친숙한 대칭 형태는 바로 우리가 그 속에서 평생을 살아가는 우리 자신의 몸이다. 신체는 '양측 대칭(bilaterally symmetric)'이다. 왼쪽 절반이 오른쪽 절반과 (거의) 같다는 뜻이다. 물론 인체의 양측 대칭은 근사(近似)에 불과하다. 심장이 몸의 정중앙에 있지 않고, 얼굴의 양면도 정확히 똑같지 않기 때문이다. 그러나 전체적인 형태는 거의 완전한 균형에 가깝다. 대칭의 수학을 설명하기 위해서 우리는 신체의 왼쪽 절반이 오른쪽 절반과 완전히 같은 이상화된 인체를 상상할 수 있다. 그러나 정말 '완전히 같을까?' 그렇지는 않다. 그 가상 인체의 양쪽 절반은 제각기 다른 공간 영역을 차지하고 있다. 게다가 왼쪽 절반은 오른쪽 절반의 반전(反轉), 다시 말해서 거울상이다.

'상(image)'이라는 말을 사용하자마자 우리는 이미 하나의 형태가 다른 형태에 상응한다는 생각을 하게 된다. 그리고 하나의 형태를 이동시켜서 다른 형태와 접쳐시게 할 수 있는 방법을 떠올리게 된다. 양측 대칭은 우리가 몸의 왼쪽 절반을 거울에 반사시켰을 때 오른쪽 절반의 모습을 얻을 수 있다는 것이다. 반사란 수학적 개념이다. 그러나 그것은 형태나 수, 또는 공식이 아니다. 그것은 '변환(transformation)', 즉 물체를 한쪽에서 다른 쪽으로 옮기는 규칙인 것이다.

이 변환에는 여러 가지 종류와 방법이 있다. 그리고 대칭 여러 가지 변환 중 하나일 뿐이다. 신체의 양 절반이 정확하게 일치하게 만들려면 거울을 대칭축에 놓아야 한다. 대칭축은 신체를 똑같은 2개의 절반으로 나눈다. 사람의 신체 형태는 거울에 비춘다고 변하지 않는다. 다시 말해서 반사라는 변환을 적용해도 겉모습이 전혀 변화하지 않는다는 뜻이다. 따라서 우리는 양측 대칭의 정확한 수학적 특성, 즉 "반사에 의해 변하지 않을 경우 그 물체의 형태는 양측 대칭이다."를 발견하게 된다. 좀 더 일반적으로 이야기하자면, 어떤 물체 또는 계의 대칭이란 그 물체를 원래 상태 그대로 유지하는 모든 변환이다. 이 말은 내가 앞에서 '과정의 물체화'라고 불렀던 것의 가장 두드러진 보기이다. "이렇게 움직이는" 과정 자체가 대칭이라는 사물이 되는 것이다. 이처럼 아주 간단하지만 우아한 특성 묘사가 수학이라는 광범위한 영역으로 들어가는 문을 열어 준다.

대칭에는 여러 종류가 있다. 그중에서 가장 중요한 것이 반사, 회전, 그리고 평행 이동(translation)이다. 학문적 용어가 아닌 일상 용어로 표현하자면 뒤집기, 돌리기, 그리고 미끄러뜨리기(slide)에 해당한다. 여러분이 평면 위에 어떤 물체를 올려놓은 다음, 그것을 들어 뒤집으면 거울에 반사시킨 것과 똑같은 효과를 얻을 수 있을 것이다. 거울의 정확한 위치를 찾는 방법은 반사시키려는 물체의 여러 위치에 거울을 놓고 뒤집힌 모습으로 보이는 지점을 찾는 것이다. 이때 거울을 그 지점과 거울상의 절반에 해당하는 곳에, 물체와 거울상을 연결시키는 선에 대해 수직으로 놓아야 한다 그림 3. 반사 대칭은 2차원 평면과 마찬가지로 3차원 공간에서도 일

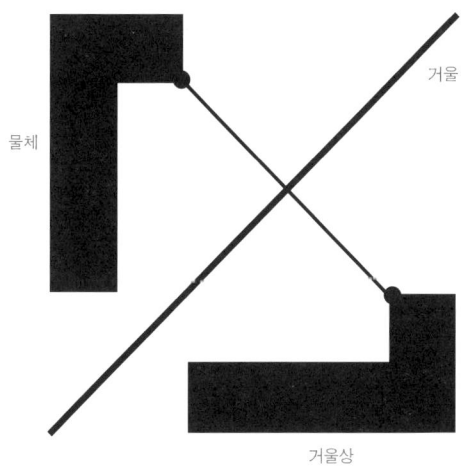

그림 3
거울은 어디에 있을까? 어떤 물체와 그 거울상이 주어지면 물체의 한 점과 그에 상응하는 거울상의 점을 선택한다. 그리고 두 점을 연결한다. 이때 거울은 그 선의 정중앙에 직각으로 놓이게 된다.

어날 수 있다. 그러나 우리는 거울, 다시 말해서 2차원 평면에 더 익숙하다.

평면상에서 어떤 물체를 회전시키려면 중심이라 불리는 한 점을 찾아서 그 중심점을 기준으로 축을 중심으로 도는 바퀴처럼 물체를 회전시키면 된다. 이때 여러분이 물체를 몇 도로 회전시키느냐에 따라 회전 대칭의 '크기'가 결정된다. 예를 들어 똑같은 간격으로 꽃잎 4개가 달려 있는 꽃을 상상해 보라. 여러분이 그 꽃을 90도 각도로 회전시키면 똑같이 보일 것이다. 따라서 이 꽃은 '직각으로 회전시키는' 변환에 대해 대칭이 되는 것이다. 회전 대칭 역시 3차원 공간에서 일어날 수 있다. 그러나 3차원에서 어떤 물체를 회전시키려면 여러분은 축이 되는 선, 즉 축선(軸線)을 선택한 다음, 마치 지구가 자전축을 중심으로 회전하듯이 그 선을 중심으로 물체를 회전시켜야 한다. 여기에서도 여러분은 같은 축을 중심으로 여러 가지 각도로 물체를 회전시킬 수 있다.

평행 이동은 물체를 회전시키지 않고 미끄러뜨리는 변환 방법이다. 목욕탕에서 사용하는 타일을 생각해 보자. 타일을 한 장 들고 수평 방향으로 적당한 거리만큼 미끄러뜨린다고 하자. 그러면 그 타일은 옆 타일 위에 겹쳐지게 될 것이다. 이때 타일이 평행 이동하는 거리는 타일의 넓이가 된다. 이때 타일을 타일 넓이의 2배, 3배, 4배 하는 식으로 정수 배만큼 이동시켜도 대칭이라는 패턴은 변하지 않을 것이다. 타일을 수직 방향으로 미끄러뜨려도, 수평과 수직 두 방향으로 동시에 움직여도 결과는 마찬가지이다. 사실 하나의 타일을 움직이는 데서 그치지 않고 타일들의 패턴 전체를 평행 이동할 수도 있다. 이 경우에도 패턴은 원래의 위치와 정확히 겹쳐질 수 있다. 물론 이때 수직, 수평 방향의 이동 거리는 타일 넓이의 정수배가 되어야 한다.

반사는 인체처럼 패턴의 왼쪽 절반이 오른쪽 절반과 같을 때 대칭이다. 회전은 꽃잎처럼 원을 따라 똑같은 단위들이 반복될 때 대칭이다. 평행 이동은 타일의 규칙적인 배열처럼 단위들이 반복될 때 대칭이다. 육각형 '타일'들로 이루어진 벌집은 자연에서 나타나는 매우 뛰어난 대칭의 보기이다.

그렇다면 자연의 패턴에서 나타나는 대칭성은 어디에서 온 것일까? 잔잔한 연못을 생각해 보라. 연못의 수면은 완벽하게 매끈하고 충분히 넓기 때문에, 일반적인 표면과 마찬가지로 수학적 평면으로 간주할 수 있을 것이다. 그러면 그 연못에 조약돌을 하나 던져 보자. 여러분은 조약돌이 떨어진 지점에서 바깥쪽으로 파문,

즉 원 모양으로 퍼져 나가는 파동의 패턴을 볼 수 있을 것이다. 누구나 이런 모습을 한 번쯤은 보았을 것이고 거기에 놀랄 사람은 아무도 없을 것이다. 여기에서 우리는 그 원인을 찾을 수 있다. 그것은 바로 조약돌이다. 만약 여러분이 조약돌을 연못에 던지지 않았다면, 또는 그 밖에 연못의 수면을 교란시킬 다른 요인이 없었다면 여러분은 그 파문을 보지 못했을 것이다. 여러분의 눈앞에는 계속 잔잔하고 평평한 2차원의 연못이 놓여 있을 것이다.

연못에 이는 파문은 대칭 붕괴의 좋은 보기이다. 이상적인 수학적 평면은 무수한 대칭을 갖는다. 그 각 부분은 다른 부분들과 동일하다. 여러분은 그 평면을 방향과 거리에 대해 변환시킬 수 있다. 그리고 어떤 중심점을 기준 삼아 특정 각도로 그 평면을 회전시키거나, 거울을 통해 반사시킬 수 있다. 그리고 이런 변환 과정을 거쳐도 그 평면은 여전히 똑같아 보일 것이다. 그에 비해 동심원 모양으로 퍼져나가는 파문의 패턴은 그보다 덜 대칭적이다. 동심원은 조약돌에 의한 충격점을 중심으로 한 회전, 그리고 그 충격점을 지나는 거울선에 대해서만 대칭을 유지한다. 그 경우를 제외하면 회전과 반사로는 대칭을 얻을 수 없다. 그런 면에서 연못에 던져진 조약돌은 연못의 수면이 유지하던 대칭성을 깨뜨린 것이다. 왜냐하면 일단 조약돌이 던져지고 나자 그때까지진 후에는 연못이 갖던 대칭성의 대부분이 사라졌기 때문이다. 그러나 모든 대칭이 사라진 것은 아니다. 조약돌이 일으키는 파문에서 일정한 패턴을 발견할 수 있는 것은 바로 그 때문이다.

이 모든 사실이 놀랍지 않은 것은 조약돌 때문이다. 실제로 조약돌의 충격이 다른 지점들과는 다른 특수한 지점을 만들기 때문에, 파문의 대칭성은 여러분의 예상과 정확히 일치한다. 그것은 그 특수한 점을 이동시키지 않는 범위에서의 대칭성인 것이다. 따라서 연못의 대칭성은 파문이 생겼을 때 '자연 발생적으로(spontaneously)' 붕괴된 것이 아니다. 여러분은 평행 이동 대칭이 상실된 원인이 조약돌이라는 것을 알고 있기 때문이다.

그런데 진진하던 연못에 뚜렷한 원인도 없이 갑삭스럽게 농심원 모양의 파문들이 생겨난다면, 여러분은 깜짝 놀라게 될 것이다. 여러분은 수면 아래쪽에서 물고기가 어떤 움직임을 일으켰거나, 또는 어떤 물체가 맨눈으로 관찰할 수 없을 만큼 빠른 속도로 연못 속에 떨어졌다고 생각할 것이다. 패턴이란 항상 분명한 근거 또는 이유를 갖고 있다는 생각은 워낙 뿌리가 깊기 때문에, 1958년에 러시아의 화학자 B. P. 벨루소프(B. P. Belousov)가 외견상으로 아무런 원인도 없이 무(無)로부터 자연적으로 패턴을 형성하는 화학 반응을 발견했을 때 동료 과학자들은 그의 주장을 믿으려 들지 않았다. 그들은 벨루소프가 실수한 것이라고 생각했다. 그들은 그의 발견을 직접 확인하려고 하지도 않았다. 그의 연구가 잘못된 것이 분명하기 때문에, 구태여 잘못된 연구를 검증하기 위해 시간 낭비할 필요가 없다는 것이었다.

그렇지만 벨루소프가 옳았다.

벨루소프가 발견한 그 특수한 패턴은 공간 속에는 존재하지 않았지만 시간 속에는 있었다. 다시 말해서 그가 발견한 화학 반응은 화학 변화의 주기적 순서에 따라 일정하게 진동했다. 1963년에 또 다른 러시아 인 화학자 A. M. 자보틴스키(A. M. Zhabotinskii)가 벨루소프의 반응을 조금 변형시켜서 공간 속에서도 패턴을 형성시키는 데 성공했다. 이후 영광스럽게도 그와 유사한 화학 반응에는 '벨루소프-자보틴스키(또는 B-Z) 반응'이라는 이름이 붙게 되었다. 오늘날 사용되는 이 화학 반응은 그보다 훨씬 간단해졌다. 그것은 영국의 생식생물학자인 잭 코언(Jack Cohen)과 미국의 수리 생물학자 아서 윈프리(Arthur Winfree)의 개량 덕분이다. 그 실험은 매우 간단해서 기본적인 화학 약품을 구할 수 있는 사람이면 누구나 직접

해 볼 수 있을 정도이다. 그 약품들은 조금 비교적(秘敎的)인 분위기를 풍기지만, 모두 네 가지밖에 되지 않는다.●

여러분은 필요한 실험 장비를 갖추고 있지 않을 테니까, 내가 그 실험 결과를 여러분에게 설명해 주겠다. 그 화학 약품들은 모두 액체이다. 우선 올바른 순서로 그 약품들을 섞은 다음, 평평한 접시 위에 쏟는다. 이 혼합물은 처음에는 푸른색을 띠다가 곧 붉은색으로 바뀐다. 잠시 그대로 놔둔다. 10분이나 20분이 지나도록 아무런 변화도 일어나지 않는다. 그것은 마치 아무런 특색도 변화도 없는 연못──물론 균일한 붉은색을 띤 연못은 흔치 않겠지만──을 응시하고 있는 듯한 느낌이 들 것이다. 이러한 균일성은 놀라운 일이 아니다. 여러분이 그 액체를 혼합했기 때문이다. 그런 다음, 여러분은 몇 개의 작은 푸른색 섬들이 나타나는 모습을 발견하게 된다(그것은 놀라운 일이다.).──그 점들은 점점 퍼져 나가 푸른색 원반을 만든다. 그런 다음, 각각의 원반 속에서 다시 붉은색 점이 나타나 그 원반을 붉은색 중심을 가진 푸른색 고리 모양으로 바꾼다. 푸른색 고리와 붉은색 원반이 계속 늘어나다가, 붉은색 원반이 어

● 정확한 제조 방법은 『카오스의 붕괴』의 주를 참조하라.

느 정도 크기가 되면 다시 그 속에서 푸른색 점이 생겨난다. 이 과정은 계속되어 계속 성장해 나가는 일련의 '표적판 패턴(target pattern)'— 붉은색과 푸른색 동심원 — 을 형성하게 된다. 이 패턴들은 연못의 동심원과 똑같은 대칭성을 갖게 된다. 그러나 이 경우에는 조약돌이 없었다는 것이 다르다. 그것은 이상하고 신비스러운 과정이다. 무질서하게, 임의적으로 뒤섞인 액체 속에서 저절로 패턴들이 탄생한 것이다. 화학자들이 벨루소프의 발견을 믿지 않았던 것도 무리가 아닌 셈이다.

그러나 B-Z 패턴의 묘기는 이것으로 끝나지 않는다. 그 액체가 들어 있는 접시를 조금 기울였다가 다시 원래 위치대로 놓아 두거나 뜨거운 철사를 그 용액 속에 담그면 액체 표면에 생겨났던 동심원 모양의 패턴을 깨뜨리거나, 그 패턴들이 회전하면서 붉은색과 푸른색의 나선 모양을 만들게 할 수 있다. 만약 벨루소프가 그 이야기까지 했다면 동료들은 모두 경악했을 것이다.

이런 실험은 단순한 화학의 마술이 아니다. 여러분의 가슴속에서 규칙적으로 뛰는 심장의 박동 역시 그와 똑같은 패턴에 의존하고 있다. 그러나 심장의 움직임은 전기적인 충격의 패턴을 따른다. 심장은 획일적인 근육 조직이 뭉쳐진 덩어리가 아니다. 따라서 심장의 모든 근육이 한꺼번에 수축하지는 않는다. 심장은 수백만이나 되는 미세한 근섬유들로 이루어져 있으며, 각각의 근섬유들이 단일한 세포를 형성한다. 이 섬유들은 전기화학적 신호에 따라 수축하며, 그 신호를 다시 이웃 근섬유에 전달한다. 여기에서 문제는 근섬유들이 대체로 공시적(共時的)으로 수축하기 때문에, 심장의 움직임이 전체적으로는 고동치는 것처럼 보인다는 것이다. 여기에서 반드시 필요한 정확한 동시성(同時性)을 획득하기 위해서, 여러분의 뇌는 심장에 전기 신호를 보낸다. 이 신호들이 일부 근섬유에 전기적인 변화를 일으키는 방아쇠 역할을 한다. 그러면 신호를 받은 근섬유들은 다시 다음 근섬유에 영향을 미치고……. 이런 식으로 마치 연못에 파문이 일거나 B-Z 화학 반응에서 푸른색 원반이 계속 생겨나듯 반응의 연쇄가 파문처럼 확산된다. 이 파동이 완전한 고리를 형성하는 한 심장의 근섬유들은 동시에 수축하게 되고, 그 결과 심장은 정상적인 박동을 계속한다. 그러나 이 파동이 나선을 이룰 경우——병에 걸린 심장에서 나타나듯이——그 결과로 일련의 불규칙적인 국부 수축이 나타나고, 결국 심장은 섬유성 연축(heart fibrillation, 근세포와 근섬유의 자발적 활성화가 원인이 되어 심장 근육에 경련을 일으키고 불규칙한 박동을 야기하는 현상——옮간이)을 일으키게 된다. 이런 섬유성 연축이 몇 분 이상 계속되면 환자는 사망하게 된다. 우리가 원과 나선형 파동 패턴에 그토록 큰 관심을 기울이는 것은 바로 그 때문이다.

그러나 방금 설명한 심장의 예에서 우리는 연못에 던져진 조약돌과 마찬가지로 그 패턴을 일으키는 구체적인 원인을 찾아볼 수 있었다. 그것은 뇌에서 나오는 신호였다. 그렇지만 B-Z 화학 반응에서는 그런 원인을 발견할 수 없었다. 대칭은 어떤 외부 자극도 없이 '저절로' 그리고 자연적으로 파괴되었다. 여기에서 '자연적'이라는 말은 아무런 원인도 없다는 뜻이 아니다. 그 원인이 미약하거나 대단치 않다는 의미이다. 수학적으로 중요한 대목은 화학 물질 — 아무런 특색도 없는 붉은색 액체 — 의 균일한 분포가 실은 불안정하다는 것이다. 만약 그 화학 물질이 균질하게 혼합된 상태가 아니라면 붉은색 용액을 유지하던 미묘한 균형은 깨지고, 그 결과로 일어나는 화학 변화가 푸른색 점을 형성시키는 방아쇠를 당기는 것이다. 그 순간부터 전체적인 과정은 훨씬 더 이해하기 쉬워진다. 이때부터 푸른 점이 화학적 '조약돌'과 같은 역할을 해서 연속적으로 화학반응이라는 파문을 일으키는 것이다. 여기에서 푸른색 점을 생성시킨 액체의 불완전 대칭성은 수학적으로 말해 극미한 크기까지 —0이 아니기만 하면— 작아질 수 있다. 실제 액체 속에는 항상 작은 먼지나 기포가 있고, 하다못해 우리가 '열'이라고 부르는 변화를 일으키는 분자라도 존재하게 마련이고, 그런 것들이 완전한 대칭성을 깨뜨린다. 그 정도면 충분하다. 극미한 원인이 그보다 큰 규모의 효과를 일으키고, 그 결과로 대칭적인 패턴이 나타나는 것이다.

자연의 대칭은 소립자의 구조에서부터 거대한 우주에 이르기까지 모든 규모에서 발견될 수 있다. 대부분의 화학 분자들은 대칭적이다. 메탄 분자는 중심에 하나의 탄소 원자와 그 주위에 4개의 수소 원자들을 가진 사면체 —삼각형을 변으로 갖는 피라미드 모양— 구조이다. 벤젠은 정육각형으로 이루어진 6겹 대칭이다. 최근 상당한 인기를 얻고 있는 비크민스디풀러렌 분사(buckminsterfullerene)는 60개의 탄소 원자로 된, 끝이 잘린 20면체이다(20면체는 20개의 삼각형으로 구성된 입체이다. 여기에서 '끝이 잘린'이라는 말은 20면체의 꼭짓점이 잘렸다는 뜻이다.). 그 대칭성이 입체에 놀라운 안정성을 준다. 그리고 그 안정성은 유기 화학에 새로운 가능성을 열어 주었다.

분자보다 조금 큰 규모로 시야를 넓히면, 우리는 세포 구조에서 대칭성을 발견하게 된다. 세포 복제의 핵심에는 기계공학적 요소가 부분적으로 포함되어 있는 것이다. 생물을 구성하는 모든 세포의 깊숙한 내부에는 중심체(세포 분열 시 나타나는 미소립(微少粒) 구조 —옮긴이)라고 불리는 무형의 구조가 들어 있다. 이 물질은 길고 가느다란 미소관(微小管)을 뻗는다. 이 미소관은 아주 작은 섬게처럼 세포의 내부 '골격'을 이루는 중요한 구성 요소이다. 중심체가 처음 발견되고, 세포 분화에 중요한 기능을 담당한다는 사실이 알려진 것은 1887년이었다. 그러나 한 가지 측면에서 중심체의 구조는 놀랄 만큼 대칭적이다. 그 내부에는 중심립(中心粒)이라 불리는 두 가지 구조가 서로에 대해 직각 방향으로 들어 있다. 각각의 중심립은 원통 모양이고, 27개의 미소관으로 이루어진다. 그런데 이 미소관들은 세로 방향으로 3개씩 완전한 9배 대칭을 이루고 있으며, 이 미소관들 자체도 놀랄 만큼 규칙적인 대칭 형태를 이루고 있다. 미소관은 속이 빈 관의 형태를 띠고 있고, 2개의 서로 다른 단백질, 그리고 알파튜불린과 베타튜불린(α-, β-tubulin, 미소관을 구성하는 단백질 —옮긴이)을 함유한 단위들로 구성된 완벽하게 규칙적인 패턴을 형성하고 있다. 언젠가 우리는 자연이 이 대칭 형태를 선택한 이유를 이해할 수 있게 될 것이다. 그러나 생물 세포의 핵심에서 이 대칭 구조를 발견한다는 것은 매우 놀라운 일이다.

바이러스도 대칭적인 형태를 띠는 경우가 많은데, 가장 흔한 것이 나선형과 이십면체이다. 예를 들어 유행성 감기를 일으키는 바이러스는 나선형이다. 자연은 바이러스의 여러 가지 형태 중에서 이십면체를 가장 선호한다. 그런 보기로는 포진(疱疹), 수두, 사마귀, 개에게 전염되는 바이러스성 간염, 순무에 일어나는 황색모자이크병바이러스, 아데노바이러스 등 여러 가지를 들 수 있다. 아데노바이러스는 그 예술성에서 분자 공학의 가장 뛰어난 걸작이라 할 수 있을 것이다. 그 바이러스는 252개의 실질적으로 동일한 하부 단위들로 구성되어 있는데, 그 하부 단위들은 각각 21개씩 마치 포켓볼을 처음 시작할 때 당구공을 모아 놓듯이 삼각형을 이루어 밀집해 있다.(가장자리의 하부 단위들은 하나 이상의 변에 걸쳐 있고 모서리의 하부 단위 하나는 세 삼각형의 꼭짓점이 된다. 20×21이 252가 되지 않는 이유는 바로 그 때문이다.).

자연은 이보다 큰 규모에서도 대칭성을 드러낸다. 분열 중인 개구리의 배(胚)는 처음에는 구 모양의 세포에서 생명을 시작하며, 곧 포배(胞胚)를 이루게 된다. 포배는 역시 구형인 수천 개나 되는 작은 세포이다. 그런 다음, 포배는 스스로의 일부를 삼키기 시작한다. 이 과정을 낭배(囊胚) 형성 단계라고 부른다. 이런 붕괴의 초기 과정에서 배는 하나의 축을 중심으로 한 회전 대칭을 이룬다. 축의 위치는 대개 수정란 속 노른자위의 최초 위치에 따라 결정되며, 때로는 정자가 진입한 지점에 따라 결정되기도 한다. 분열이 계속되면서 이 대칭성은 파괴되고, 하나의 반사 대칭만이 남아서 결국 성체는 양측 대칭을 이루게 된다.

화산은 원뿔 모양이며, 항성은 구형, 은하는 나선이나 타원형이다. 일부 우주론자에 따르면 우주 자체도 끊임없이 팽창하는 거대한 구와 비슷하다고 한다. 따라서 자연에 대해 이해하기 위해서는 이처럼 도처에서 발견되는 패턴들을 이해하지 않으면 안 된다. 우리는 왜 그런 패턴들이 그토록 흔하게 나타나는지, 그리고 자연을 구성하는 삼라만상이 왜 똑같은 패턴을 보여 주는지 설명해야 한다. 빗방울과 항성은 구이다. 소용돌이와 은하는 나선이다. 벌집은 육각형 배열을 하고 있다. 이런 패턴들에는 보편 원리가 내재해 있다. 방금 소개한 보기들은 하나하나가 모두 연구할 만한 충분한 가치가 있는 주제들이다. 그 과정에서 나름대로 독자적인 메커니즘을 밝혀낼 수 있을 것이다.

대칭 붕괴도 하나의 원리이다.

그러나 대칭성이 파괴되기 위해서는 그 파괴를 시작할 출발점이 있어야 한다. 그 과정은 처음에는 하나의 패턴 문제를 다른 문제로 변환시키는 것처럼 보일 것이다. 연못 위에서 볼 수 있는 둥근 고리 모양의 파문을 설명하려면 우선 연못에 대한 설명이 나와야 하는 식이다. 그러나 고리 모양의 파문과 연못 사이에는 중대한 차이가 있다. 연못의 대칭성은 매우 포괄적이기 때문에—연못 표면의 모든 점들은 다른 모든 점에 대해 (대칭성이라는 측면에서) 등가(等價)이다.—우리는 그것을 하나의 패턴으로 인식하지 못한다. 대신 그것을 그저 단순한 균일성이라고만 생각한다. 단순한 균일성을 설명하기는 아주 쉽다. 그것은 어떤 계에서 그 구성 부분들이 다른 부분과 차이를 가질 원인이 없는 경우에 나타난다. 다시 말해서 그것은 자연의 초기 지정 옵션(default option, 컴퓨터 환경 설정 등에서 사용자가 설정을 조정하기 전에 미리 지정된 값이나 조건—옮긴이)인 셈이다. 무언가가 대칭적이라면, 그 구성 요소에 해당하는 특성들은 대치나 교환이 가능하다. 사각형의 한쪽 각은 나머지 다른 각들과 똑같아 보이기 때문에, 그 각들을 바꾸어 놓아도 사각형의 모습은 바뀌지 않을 수 있다. 메탄 분자를 구성하는 수소 원자는 다른 원자들과 같다. 따라서 우리는 그 원자들을 서로 교환할 수 있다. 은하를 형성하는 항성들의 집단은 다른 집단과 거의 흡사하기 때문에, 나선형 은하를 이루고 있는 나선 팔 2개를 서로 바꾸어 놓아도 큰 차이가 나지 않는다.

간단히 요약하자면, 자연이 대칭적으로 보이는 것은 우리가 연못 표면과 같은 대량 생산된 우주 속에 살고 있기 때문이다. 모든 양성자는 다른 양성자와 동일하며, 비어 있는 공간은 역시 비어 있는 다른 공간과 같다. 시간의 매순간은 다른 순간들과 같다. 그러나 시간, 공간, 물질만이 모든 곳에서 동일한 것은 아니다. 삼라만상을 지배하는 법칙 또한 어디서든 동일하다. 알베르트 아인슈타인은 '불변 원리(invariance principle)'를 토대로 물리학에 접근했다. 그는 시공상의 어느 특정 지점도 특수하지 않다는 개념을 토대로 자신의 사유를 전개시켜 나갔다. 그가 인류 역사상 가장 위대한 물리학적 발견 중 하나인 상대성 이론에 도달할 수 있었던 것은 바로 그런 사고를 토대로 삼았기 때문이었다.

그런데 그것은 매우 심오한 역설을 낳는다. 만약 물리 법칙이 모든 시간과 장소에서 동일하게 적용된다면, '흥미를 끄는' 색다른 구조가 우주에 존재하는 것은 무슨 이유에서일까? 만약 아인슈타인의 주장이 옳다면 모든 곳이 균질하고 똑같은 모습을 하고 있어야 하지 않을까? 우주를 구성하는 모든 영역을 다른 영역으로 바꿀 수 있다면 시간 역시 마찬가지가 되어야 할 것이다. 그러나 실제로는 그렇지 않다. 더구나 우주가 수십억 년 전에 대폭발(the Big Bang)을 통해 하나의 점에서 시작되었다는 우주론에 의해 문제는 더욱 복잡해진다. 우주가 탄생하는 순간에 모든 시간과 공간은 구분이 불가능할 뿐 아니라 모두 동일했다. 그렇다면 오늘날의 우주 공간이 이렇듯 분화된 모습을 하고 있는 까닭은 무엇일까?

그 답은 이 장 첫머리에서 소개했던 '퀴리의 원리'가 잘못된 것이기 때문이다. 그 원리는 임의적이고 미세한 원인들에 대한 매우 교묘한 효력 정지 장치라는 보호 장치를 전제하지 않으면 안 되고, 대칭적인 계의 움직임과 그 작동 원리에 대해 잘못된 직관을 제공할 수 있다. 다 자란 개구리가 양측 대칭이 되어야 한다는 예측(아직 발달하지 않은 배 상태의 개구리가 양측 대칭이기 때문이고 퀴리의 원리에 따르면 대칭성은 변화하지 않기 때문이다.)은 얼른 듣기에는 매우 위대한 발견처럼 생각된다. 그러나 같은 원리를 구형(球形)의 포배 단계에 적용시킬 경우, 다 자란 개구리는 구가 되어야 한다는 엉뚱한 예측이 나오게 된다.

이보다 훨씬 나은 원리가 그와 정반대인 자연적인 대칭 붕괴의 원리이다. 대칭은 종종 덜 대칭적인 결과를 낳는다. 진화하는 우주는 대폭발이 가지고 있던 초기의 대칭성을 파괴한다. 구형의 포배는 양측 대칭의 개구리를 만들어 낸다. 252개의 완벽하게 교환 가능한 단위로 구성된 아데노바이러스는 스스로를 이십면체로 배열할 수 있다(거기에서 일부 단위들은 꼭짓점과 같은 특수한 위치를 가질 수 있다.). 27개의 극히 정상적인 미소관들이 배열을 통해 중심립을 형성할 수도 있다.

    좋다! 그렇다면 왜 하필이면 패턴을 이루는가? 아무런 구조도 형성하지 않는, 모든 대칭이 파괴되는 뒤죽박죽의 덩어리가 아니라 유독 어떤 패턴을 이루는 까닭은 과연 무엇인가? 대칭 붕괴라는 주제에 대해 지금까지 이루어진 많은 연구를 관통하는 한 가지 사실은, 수학이 그런 방식(어떤 구조도 없는 뒤죽박죽의 상태)으로 작용하지 않는다는 것이다. 대칭 붕괴가 일어나는 것은 불가피한 경우에 한해서이다. 우리의 대량 생산된 우주 속에는 그토록 많은 대칭성이 존재하기 때문에 그 모든 대칭성을 구태여 깨뜨릴 이유는 거의 없다. 뒤죽박죽의 덩어리보다 대칭적인 패턴이 더 많이 살아남은 이유가 바로 그것이다. 지금 파괴된 대칭성이 존재한다 하더라도, 어떤 의미에서 그것은 실제 형태라기보다는 잠재적인 형태로 존재하는 것이다. 일례로 252개의 단위로 이루어진 아데노바이러스가 연결을 시도할 때, 그중 어느 하나든 특정한 꼭짓점이 될 수 있다. 그런 의미에서 그들은 상호 교환이 가능하다. 그러나 결국 그 자리에 실제로 올 수 있는 것은 단 하나뿐이다. 역시 그런 의미에서 대칭성은 파괴된다. 그들은 더 이상 상호 교환이 가능하지 않다. 그러나 일부 대칭성은 여전히 남아 있다. 따라서 우리는 그 바이러스를 이십면체라고 보는 것이다.

이런 관점에서 우리가 자연 속에서 관찰하는 대칭성은 대량 생산된 우주의 광대한, 보편적 대칭성이 붕괴되고 남은 흔적인 셈이다. 잠재적 의미에서 우주는 가능한 상태들의 방대한 대칭적 계들 중 어느 하나든지 될 수 있다. 그러나 실제로 우주는 그중 하나를 선택해야 한다. 그 선택 과정에서 우주는 관찰 불가능한 잠재적 내칭성을 위해 일부 대칭성을 포기하지 않을 수 없다. 일종의 거래인 셈이다. 그러나 실제로 나타나는 대칭성의 일부가 계속 유지될 수도 있다. 그럴 경우 우리는 그것을 하나의 패턴으로 인식하게 된다. 자연의 대칭적인 패턴의 대부분은 이러한 보편적인 메커니즘의 부분적인 변형(version)으로 우리에게 모습을 드러내는 것이다.

이 사실은 부정적인 방식으로 퀴리의 원리를 부활시킨다. 만약 우리가 작은 비대칭적 요동을 허용한다면, 그 요동은 완전한 대칭 상태를 불안정하게 만들 수 있으며, 그렇게 될 경우 우리의 수학 체계는 더 이상 완벽한 대칭성을 유지할 수 없게 된다. 그러나 중요한 점은 이 경우 대칭으로부터의 극미한 일탈도 결과적으로는 대칭성의 완전 상실로 귀결될 수 있다는 점이다. 더구나 이런 식의 작은 일탈은 항상 존재하게 마련이다. 퀴리의 원리가 대칭성의 예측에서 별로 효력을 발휘하지 못하는 것은 바로 그 점 때문이다. 완전한 대칭성을 갖는 모형에 의거해서 실제적인 계를 만들려고 할 때 이런 사실이 두드러지게 나타난다. 그러나 이런 모형이 여러 가지 가능한 상태를 가지고 있으며 그중에서 단 하나만이 실제로 실현될 수 있다는 사실을 기억해 두어야 할 것이다. 작은 요동은 이상적인 완전한 계가 취할 수 있는 여러 가지 범위 중에서 실제적인 계가 가능한 상태를 선택하게 만든다. 오늘날 대칭적인 계의 움직임에 대한 이런 접근 방식은 패턴 형성의 일반 원리를 이해할 수 있는 중요한 근거를 마련해 주고 있다.

특히 대칭 붕괴의 수학은 일견 전혀 동떨어진 것처럼 보이는 여러 가지 현상들을 하나로 통합시켜 준다. 일례로 1장에서 이야기했던 사구에서 나타나는 패턴을 생각해 보라. 사막은 모래 입자들로 이루어진 평평한 평면으로 모형화할 수 있다. 그리고 바람은 그 평면을 가로질러 흐르는 유체로 모형화할 수 있다. 이 평면과 유체로 이루어진 계, 그리고 그 계의 대칭성이 파괴되는 과정을 고찰하면 우리가 관찰할 수 있는 사구 패턴의 상당수가 어떻게 만들어지는지 유추할 수 있다. 예를 들어 바람이 일정한 방향으로 계속 분다고 생각해 보자. 그 경우 전체적인 계는 바람에 대해 평행 이동시켜도 변하지 않을 것이다. 이 평행 대칭을 깨뜨릴 수 있는 한 가지 방법은 바람의 방향에 대해 직각으로 평행선의 주기적인 패턴을 만드는 것이다. 그러나 이것은 지질학자들이 횡파 사구(transverse dunes)라고 부르는 것이다. 만약 이 패턴이 줄무늬의 방향을 따라 주기적으로 나타난다면 더 많은 대칭성이 파괴되고 물결처럼 굽이치는 초승달꼴 모래 언덕이 나타날 것이다. 그리고 이런 과정이 반복된다.

그러나 대칭 붕괴의 수학적 원리가 사구에서만 작용하는 것은 아니다. 그 수학 원리는 동일한 대칭을 가진 모든 계에 ─ 일정한 패턴을 만들면서 흘러가는 강물처럼 ─ 작용한다. 여러분은 해안에 가까운 평원을 가로지르며 토사를 침전시키는 강을 대상으로, 또는 얕은 바다의 해수가 밀물과 썰물로 해저에 만드는 패턴에 대해서도 ─ 그 결과로 해저의 모래층과 삼각주의 진흙에 만들어진 패턴이 수백만 년이 지난 후 해저의 모래와 암석으로 굳어지기 때문에, 이 현상은 지질학에서 매우 중요하다.──똑같은 기본적인 모형을 만들 수 있다. 이런 식으로 형성되는 패턴들은 사구에 나타나는 패턴과 동일하다.

또 대칭 붕괴의 흐름은 디지털 시계의 문자판에서 볼 수 있는 액정을 형성할 수도 있다. 액정은 길고 가느다란 분자로 이루어져 있으며, 자기장이나 전기장의 영향을 받아 일정한 패턴을 형성한다. 여기에서도 여러분은 똑같은 패턴을 발견할 수 있다. 또 물리적인 흐름이 전혀 없을 수도 있다. 흐름 대신 특정 화학 물질의 화학 반응이 유전 정보의 지시에 따라 발생하고 있는 동물의 피부에 일정한 무늬를 만들어 낼 수도 있다. 자, 이제 횡파 사구는 호랑이와 얼룩말의 줄무늬와, 그리고 초승달꼴 사구의 패턴은 표범과 하이에나의 얼룩점과 연결된다.

물리적 세계와 생물학적 세계라는 전혀 다른 세계를 이해하는 데 똑같은 추상적 수학이 사용된다. 수학은 과학 기술의 근본 원리이다. 그러나 그것은 기계적인 기술이라기보다는 사고 방식과 연관되는 정신적인 기술이다. 이러한 대칭 붕괴의 보편성은 생물계와 무생물계가 많은 패턴을 공통적으로 갖는 이유를 설명해 준다. 생명 그 자체는 대칭 창조—그리고 그 복제—의 과정이다. 생물의 세계 역시 물리적인 세계와 마찬가지로 대량 생산된 세계이다. 따라서 무기체의 세계에서 발견되는 많은 무늬(패턴)들을 유기체의 세계에서도 찾아볼 수 있는 것이다. 생물에서 나타나는 가장 두드러진 대칭은 다음과 같은 형태들이다. 바이러스의 이십면체, 앵무조개 껍데기의 나선, 가젤의 나선형 뿔, 그리고 불가사리와 해파리, 몇몇 꽃에서 발견되는 뚜렷한 회전 대칭 등이 그것이다. 그러나 생물계의 여러 가지 대칭은 단지 형태에 머무는 것이 아니라 생물들의 행동에까지 그 영역을 넓힌다(1장에서 언급했던 보행 운동에서 나타나는 대칭성이 그 일부이다.). 휴런 호에 사는 물고기들의 세력권은 벌집을 구성하는 작은 방들과 똑같은 배열을 가지고 있다. 그 이유 또한 육각형의 벌집과 마찬가지이다. 물고기의 세력권에는 꿀벌 애벌레의 방과 마찬가지로 같은 장소에 둘 이상 들어갈 수 없다. 완벽한 대칭성이 내포하는 의미는 바로 그것이다. 물고기들은 가능한 한 서로 밀집해서 서로를 비슷하게 만든다. 바로 그런 행동상의 제약이 6겹 대칭을 형성시키는 것이다. 그리고 그 사실은 또 다른 수학적 예와 닮아 있다. 다시 말해서 그와 동일한 대칭 붕괴의 메커니즘이 결정의 원자들을 규칙적인 격자로 배열시킨다. 이것이 케플러의 눈송이 이론을 궁극적으로 뒷받침하는 물리적 과정이다.

자연에서 나타나는 마치 수수께끼와도 같은 대칭성 중 하나는 거울에 비쳤을 때 나타나는 반사 대칭이다. 3차원 물체의 거울 대칭은 그 물체를 공간 속에서 회전시키는 방법으로는 얻을 수 없다. 가령 왼쪽 신발을 아무리 회전시켜도 오른쪽 신발이 될 수는 없다. 그러나 물리 법칙은 소립자에서 나타나는 일부 상호 작용을 제외하면 거의 다 거울 대칭이다. 따라서 거울 대칭이 아닌 모든 분자들은 잠재적으로 두 가지 형태를 가질 수 있다. 좌선성(左旋性, left-handed)과 우선성(右旋性, right-handed) 형태이다(이것을 거울상 이성질체라고 한다.—옮긴이). 지구상의 생물들은 모두 분자의 특정한 방향성을 활용해 왔다. 아미노산이 그 대표적인 보기일 것이다. 육상 생물은 어쩌다 이 특정한 방향성 활용하게 되었을까? 단순한 우연일 수도 있다. 다시 말해서 탄생 초기에 나타난 변화가 복제라는 대량 생산 기술에 의해 확산되었을 수 있다는 것이다. 만약 그것이 우연의 소산이라면, 우리는 멀리 떨어진 어느 행성에 우리의 거울상에 해당하는 생물들이 존재한다는 상상을 할 수도 있을 것이다. 또는 모든 지역의 생물들이 같은 방향을 선택한 데에는 깊은 이유가 있을지도 모른다. 최근 물리학자들은 자연의 네 가지 기본적인 힘을 찾아내는 데 성공했다. 그것은 중력, 전자기력, 그리고 약한 상호 작용과 강한 상호 작용이다. 약한 상호 작용, 즉 약력이 거울 대칭을 거스른다는—다시 말해서 똑같은 물리적 문제에 대해 좌선성일 때와 우선성일 때 각기 다른 행동을 취한다는—사실이 밝혀졌다. 오스트리아 태생의 물리학자인 볼프강 파울리(Wolfgang Pauli)는 그것을 "하느님은 약간 왼손잡이인 모양이다."라고 표현했다. 이러한 거울 대칭 위배의 가장 두드러진 결과 중 하나는 그 분자의 에너지 준위와 그 거울상에 해당하는 분자의 에너지 준위가 정확히 일치하지 않는다는 사실이다. 그리고 그 차이는 아주 미미하다. 어떤 아미노산과 그 거울상에 해당하는 아미노산의 에너지 준위의 차이는 대략 10^{17}분의 1 정도에 불과하다. 이 정도라면 별문제가 되지 않는다고 생각할 수도 있지만, 우리는 이미 극미한 요동으로도 대칭 붕괴가 일어날 수 있음을 살펴보았다. 일반적으로 자연은 더 낮은 에너지를 가진 분자 형태를 선호해 왔다. 이 아미노산의 경우, 낮은 에너지 형태의 분자가 약 10만 년의 기간 동안 우세해질 확률은 98퍼센트로 계산할 수 있다. 그리고 실제로 생물에게서 발견되는 이런 아미노산의 변형은 에너지가 낮은 종류이다.

5장에서 나는 전기와 자기의 관계를 밝힌 맥스웰 방정식의 신비스러운 대칭에 대해 이야기했다. 개략적으로 말하자면 여러분이 자기장에 적용되는 공식과 전기장에 해당하는 공식의 모든 부호를 서로 바꾸어 놓아도 똑같은 공식을 얻을 수 있을 정도이다. 맥스웰이 전기력과 자기력을 하나의 전자기력으로 통일시킨 과정의 배후에는 이런 대칭성이 숨어 있었다. 불완전한 것이긴 하지만 맥스웰의 방정식보다 더 큰 규모의 통일 이론을 암시하는 자연의 네 가지 기본 힘에 대한 방정식에서도 또 다른 대칭성을 유추할 수 있다. 다시 말해서 중력, 전자기력, 약한 상호 작용, 강한 상호 작용이라는 자연의 네 가지 힘은 동일한 힘의 네 가지 측면일 뿐이라는 것이다. 물리학자들은 이미 약한 상호 작용과 전자기력을 하나로 통일했다. 최신 이론에 따르면 우주 탄생 초기의 상상할 수 없을 만큼 높은 에너지 상태에서는 네 가지 기본력들이 하나로 통일되어 있었을 것이라고—즉 체계적으로 연관되어 있었을 것이라고—한다. 이런 초기 우주의 대칭성이 파괴되면서 우리 우주가 태어난 것이다. 요약하자면 모든 기본 힘들이 완벽하게 대칭적인 방식으로 연관되어 있는 이상적인 수학적 우주가 존재하지만, 우리는 그 우주에 살고 있지 않다는 것이다.

그 말은 우리 우주가 지금과는 전혀 다른 모습일 수도 있었다는 뜻이다. 다른 우주는 대칭 붕괴가 (우리 우주와는) 다른 방식으로 일어난 결과일 것이다. 물론 이것은 모두 순수한 상상에 불과하다. 그러나 그보다 훨씬 흥미로운 상상도 있다. 그것은 똑같은 패턴 형성의 기본 방식, 즉 대량 생산된 우주에서 나타나는 대칭 붕괴의 기본 메커니즘이 우주, 원자 그리고 우리까지 모두 지배하고 있다는 것이다.

7
생명의 리듬

자연은 리듬 그 자체이다. 그리고 그 리듬은 무수히 많고 다양하다. 우리의 심장과 폐는 일정한 리듬 주기에 따르며, 그 리듬의 시간 간격은 우리 몸의 필요에 따라 정해진다. 대부분의 자연의 리듬도 심장의 박동과 마찬가지이나. 사연의 리듬은 '표면에 느러나지 않으면서' 스스로 유지된다. 그밖의 리듬들은 우리의 호흡과 비슷하다. 거기에는 특별한 일이 발생하지 않는 한 계속 작동하는 '정해진' 패턴이 있다. 그러나 필요할 때 작동해서 즉각적인 요구에 자신의 리듬을 맞추는 복잡하고 정교한 제어 메커니즘도 있다. 이런 종류의 제어 가능한 리듬들은 보행 동작에서 흔하게——그리고 특히 흥미롭게——나타난다. 다리를 가진 동물들에서 의식적인 제어가 작동하지 않을 때 나타나는 지정된 운동 패턴을 보조(步調, gait)라고 한다.

고속 촬영 기술이 개발되기 전까지는 동물들이 네 발을 이용해 전력 질주할 때 다리가 어떤 식으로 움직이는지 알 수 없었다. 빠른 속도로 달릴 때 동물의 발놀림이 너무 빨라서 사람의 육안으로는 그 움직임을 정확히 식별할 수 없었기 때문이다. 전해지는 말로는, 사진 기술의 발명은 말의 발움직임을 둘러싼 내기에서 비롯되었다고 한다. 1870년대에 철도계의 거물인 릴런드 스탠퍼드(Leland Stanford)가 빠른 걸음으로 걷는 말의 네 발이 동시에 땅을 밟고 있는 순간이 있다는 데 2만 5000달러의 내기를 걸었다고 한다. 이 수수께끼를 풀기 위해서 한 사진사가 도전했다. 에드워드 무제리지(Edward Muggeridge)에서 훗날 이어드위어드 머이브리지(Eadweard Muybridge)로 개명한 이 사진사는 말이 빠른 걸음으로 지나갈 때 줄을 건드리면 자동으로 셔터가 눌러지도록 여러 대의 카메라를 일렬로 장치해서 말의 보조를 여러 단계로 나누어 촬영했다. 결국 스탠퍼드는 내기에서 이겼다고 한다. 이 이야기가 사실이든 아니든, 우리는 머이브리지가 보조에 대한 과학적 연구의 선구자였다는 사실을 알 수 있다. 또한 그는 '활동 요지경(Zoe trope)'

이라 불리는 장치를 이용해서 자신이 촬영한 사진으로 '활동사진'을 만들었다. 단숨에 할리우드로 통하는 길까지 닦은 셈이다. 따라서 머이브리지는 과학과 예술 두 방면에 중요한 기여를 했다.

이 장에서는 보조에 대한 분석을 할 것이다. 이것은 "동물들이 어떻게 움직일까?", "왜 동물들은 그런 식으로 걸을까?"라는 물음을 둘러싸고 발전해 온 수리생물학의 한 분야이다. 좀 더 많은 다양성을 도입시키기 위해서, 이 장의 나머지 부분에서는 전체 생물 집단에서 나타나는 리듬 패턴을 다루고 있다. 가장 극적인 예로는 태국을 비롯한 극동 지방에 서식하는 개똥벌레의 일부 종에서 나타나는 동시 섬광(synchronized flashing)을 들 수 있다. 동물의 개체에서 나타나는 생물학적 상호 작용은 집단에서 일어나는 그것과 상당한 차이를 갖지만, 그 밑에는 수학적 동일성이 내재하고 있다. 그리고 이 장에서 전달하려는 메시지 중 하나는 동일한 보편적인 수학적 개념이 여러 수준, 그리고 다양한 대상에 대해 적용될 수 있다는 것이다. 자연은 이러한 통일성을 존중하고 그것을 적극적으로 활용한다.

이러한 생물학적 주기 뒤편에 숨어 있는 조직 원리는 진동자(oscillator)라는 수학적 개념이다. 진동자란 자연적인 역학이 그 동일 패턴을 끝없이 계속 반복시키는 단위이다. 생물학은 상호 작용을 통해 복잡한 행동 패턴을 만들어 내는 진동자들로 이루어진 거대한 '회로(circuit)'를 설명하는 학문이다. 이런 '상호 연결된 진동자의 네트워크'가 이 장에서 다루게 될 통일적인 주제이다.

그렇다면 계(系)들은 왜 진동하는가? 그 답은 가만히 있고 싶지 않거나 가만히 있을 수 없을 때 여러분이 할 수 있는 가장 단순한 일이 그것이기 때문이다. 우리 속에 갇힌 호랑이가 우리 속을 이리저리 서성이는 이유는 무엇일까? 호랑이의 움직임은 두 가지 속박의 결합으로 나타나는 결과물이다. 우선 호랑이는 불안감을 느끼기 때문에 한곳에 가만히 앉아 있지 못한다. 둘째, 호랑이는 우리 속에 갇혀 있기 때문에 가까운 언덕 위로 간단히 몸을 숨길 수 없다. 가령 움직여야 하는데 전혀 그 장소를 벗어날 수 없을 때 여러분이 취할 수 있는 가장 간단한 반응은 시계추처럼 왔다 갔다 하는 것이다. 물론 이때 그 진동이 규칙적인 리듬을 반복하도록 강제하는 요인은 아무것도 없다. 호랑이는 우리 속에서 불규칙한 경로를 따라 움직일 수도 있다. 그러나 가장 단순한 ── 따라서 자연에서나 수학적으로나 가장 일어날 가능성이 높은 ── 선택은 끊임없이 반복되는 일련의 움직임이다. 우리가 이야기하는 주기적 진동의 의미는 바로 그런 것이다. 5장에서 나는 바이올린 현의 진동에 대해 이야기했다. 바이올린 현도 주기적 진동에 따라 움직이며, 그 움직임의 근거 역시 우리 속을 계속 왔다 갔다 하는 호랑이의 움직임과 같다. 사람이 손으로 줄을 튕겼기 때문에 바이올린 현은 가만히 있을 수 없다. 그리고 현의 양끝이 고정되어 있기 때문에, 그리고 전체적인 에너지가 증가할 수 없기 때문에 다른 선택의 여지가 없는 것이다.

대부분의 진동은 정상 상태에서 일어난다. 조건이 변화하면 정상 상태의 계는 그 상태에서 벗어나 주기적으로 진동할 수 있다. 1942년에 독일의 수학자 에버하르트 호프(Eberhard Hopf)는 항상 특정한 행동이 일어나도록 보증하는 일반적인 수학적 조건을 발견했다. 엉뚱스럽게도 그의 이론에는 호프 분기(Hopf bifurcation)라는 명칭이 붙여졌다. 그 이론은 어떤 계의 역학을 극히 단순한 상태에 근접시켜서 이 단순화된 계에서 주기적인 동요(wobble)가 일어나는지 살펴보는 것이다. 호프는 이 방법을 이용해서 단순화시킨 계가 동요한다면 원래의 계 역시 동요한다는 것을 증명했다. 이 방법이 학자들에게 큰 도움을 주는 이유는 수학적 계산이 극히 단순화된 계―이 상태에서 계는 상대적으로 간단해진다.―에 대해서만 가능하기 때문이다. 반면 그 계산은 원래의 계가 어떻게 움직이는지를 우리에게 알려준다. 원래의 계를 직접 해석하기는 힘들다. 따라서 호프의 접근 방식은 매우 효율적인 방식으로 그 어려움을 우회하는 것이다.

'분기(分岐)'라는 말이 사용된 이유는 거기에서 일어나는 과정의 특수한 정신적 이미지 때문이다. 그 이미지란 연못의 파문이 그 중심에서 시작되어 점차 퍼져나가듯이 주기적 진동 역시 원래의 저앙 상태(steady state)에서 점차 '성장해 나간다'는 것이다. 이 정신적 이미지의 물리적 해석은 진동이 처음에는 아주 작다가 차츰 커진다는 것이다. 여기에서 그 진동이 확대되는 속도는 중요하지 않다.

일례로 클라리넷이 일으키는 소리는 호프 분기에 따라 달라진다. 연주자가 클라리넷에 바람을 불어넣으면, 리드——리드는 정지해 있다.——가 진동하기 시작한다. 바람을 서서히 불어넣으면 작은 진동이 생기고, 그에 따라 부드러운 소리가 난다. 그러나 연주자가 클라리넷을 세게 불면 진동은 점차 커지고 음도 커진다. 중요한 것은 연주자가 리드를 떨게 하기 위해 일부러 진동을 주는 식으로(즉 짧게 끊어서 훅훅 부는 식으로) 클라리넷을 불지 않는다는 것이다. 이것은 전형적인 호프 분기이다. 단순화된 계가 호프의 수학적 실험을 통과한다면, 실제 계는 저절로 진동하기 시작할 것이다. 이 경우에, 단순화된 계는 훨씬 간단한 리드를 가지고 있는 가상의 수학적인 클라리넷으로 해석할 수 있을 것이다. 그렇다고 해서 이러한 해석이 실제로 계산을 필요로 하는 것은 아니다.

호프 분기는 대칭 붕괴의 특수한 예라 할 수 있다. 앞 장에서 설명한 대칭 붕괴의 사례들과는 달리 이 경우의 대칭 붕괴는 공간이 아닌 시간과 연관된다. 시간은 하나의 변수이다. 따라서 수학적으로 이야기하자면 선(線)──시간축──에 상응한다. 거기에는 두 종류의 선대칭이 있다. 하나는 평행 이동이고 다른 하나는 반사이다. 어떤 계가 시간적으로 평행 이동할 때 대칭적이라는 것은 무슨 의미일까? 그것은 만약 여러분이 그 계의 움직임을 관찰하고 나서 일정한 시간 간격이 지난 다음에 다시 계의 움직임을 관찰할 수 있다면 여러분에게 보이는 것은 똑같은 움직임이라는 것이다. 주기적 진동은 다음과 같이 기술할 수 있다. 만약 여러분이 주기적으로 어떤 계의 움직임을 기다린다면, 여러분은 정확히 동일한 움직임을 관찰할 수 있을 것이다. 따라서 주기적인 진동은 시간 평행 이동 대칭을 갖는 셈이다.

그러면 시간의 반사 대칭은 어떠한가? 그것은 시간이 흐르는 방향을 역전시키는 것에 해당한다. 쉽게 파악하기 힘들고 철학적으로도 어려운 개념이다. 시간 역전의 문제는 이 장에서 주변적으로만 다루어진다. 그러나 매우 흥미로운 문제이며, 어디에선가는 다루어야 할 중요한 문제이다. 그렇다면 지금 이야기하지 못할 이유도 없을 것이다. 운동의 법칙은 시간이 역전되어도 역시 대칭적이다. 만약 '정상적인' 물리 운동(물리 법칙에 따르는 운동)을 필름으로 촬영한 다음 그 영화를 거꾸로 돌리면, 여러분은 역시 물리 법칙에 위배되지 않는 정상적인 운동을 보게 될 것이다. 그러나 우리 주변에서 흔하게 볼 수 있는 정상적인 운동들은 거꾸로 돌리면 이상하게 보인다. 일상적인 모습은 하늘에서 떨어져 내린 빗방울이 웅덩이를 만드는 것이다. 그러나 필름을 거꾸로 돌리면 물웅덩이가 침을 뱉듯 빗방울들을 하늘로 뱉어 올리고, 그 빗방울들은 공중에서 사라진다. 이 두 가지 상황의 차이는 초기 조건에 있다. 대부분의 초기 조건은 시간 역전 대칭성을 깨뜨린다. 예를 들어 우리가 아래쪽으로 떨어지는 빗방울에서 시작하는 쪽을 선택했다고 하자. 이것은 시간 대칭 상태가 아니다. 시간 역전은 빗방울들을 하늘로 올라가게 만들 것이다. 법칙들이 시간 역전이 가능하다해서 반드시 그것이 만들어 내는 움직임 역시 시간 역전이 가능해야 하는 것은 아니다. 일단 초기 조건의 선택으로 시간 역전 대칭성이 깨지면, 대칭 붕괴 상태가 유지되기 때문이다.

그러면 다시 진동의 문제로 돌아가자. 나는 방금 주기적 진동이 시간 평행 이동 대칭성을 갖는다고 말했다. 그러나 나는 '모든 시간에 대해 평행 이동'이 가능하다고 말하지는 않았다. 이러한 대칭에 대해 불변인 상태는 시간의 모든 순간에 대해서도—하나의 시간 주기뿐 아니라—정확히 동일한 것처럼 보일 것이다. 다시 말해서 그것은 정상 상태가 되어야 한다. 따라서 정상 상태인 어떤 계가 주기적으로 진동을 시작하면 그 시간 평행 이동 대칭성은 모든 평행 이동에 대한 대칭성에서 고정된 시간 간격에 국한된 대칭성으로 그 범위가 줄어들게 된다.

이런 설명을 들으면 순전히 이론적인 이야기처럼 들릴 것이다. 그러나 호프 분기가 실제로 시간적인 대칭의 하나라는 사실을 이해할 수 있다면, 그 밖의 다른 대칭—특히 공간적인 대칭—을 가지고 있는 계를 대상으로 호프 분기 이론을 확대 적용시킬 수 있을 것이다. 수학적 도구는 특별한 해석에 의존하지 않으며 동시에 여러 종류의 대칭에 대해 쉽게 적용될 수 있다. 이런 접근 방식으로 거둔 성공담의 하나가 진동자의 대칭적인 네트워크가 호프 분기를 하고 있을 때 전형적으로 나타나는 패턴들에 대한 일반적인 분류이다. 그중에서 최근 응용이 시작된 한 분야가 동물의 보조에 대한 분류이다.

생물학적으로는 차이가 나지만 수학적으로는 비슷한 진동자의 두 가지 유형이 바로 그 보조라는 문제에 포함되어 있다. 가장 두드러진 진동자가 동물의 네 다리이다. 동물들의 네 다리는 뼈의 조합으로 연결되고, 관절을 중심으로 회전하며, 근육의 수축에 의해 움직여지는 일종의 기계 장치라고 생각할 수 있다. 그러나 우리가 관심을 갖는 중요한 진동자는 생물들의 신경계, 즉 뉴런의 회로망이다. 신경계는 율동적으로 전기 신호를 생성해서 동물의 네 다리를 자극하고 그 운동을 제어한다. 생물학자들은 이 회로를 CPG라고 부른다. CPG는 '중앙 패턴 발생기(central pattern generator)'의 약자이다. 내가 지도하고 있는 학생들은 동물의 다리를 LEG라고 부른다. '보행 자극 발생기(locomotive excitation generator)'라는 의미이다. 동물들은 2, 4, 6, 8 또는 그 이상의 LEG를 갖는다. 그러나 그것을 제어하는 CPG에 대해 우리가 직접적으로 알고 있는 사실은 거의 없다. 그 이유는 앞으로 간략하게 다루게 될 것이다. 우리가 알고 있는 사실의 상당 부분은 수학적 모형에서 역으로—여러분이 원한다면 '역으로' 대신 '앞서(forward)'라는 표현을 사용할 수도 있다.—얻어낸 것이다.

일부 동물들은 한 가지 보조만을 이용한다. 즉 사지를 움직이는 리듬 패턴이 한 가지로 정해져 있다. 일례로 코끼리는 걷는 것밖에 할 수 없다. 좀 더 빨리 움직이고 싶어도 완보(緩步)가 고작이다. 완보로 걸으면 평소의 아주 느릿느릿한 걸음걸이보다는 조금 빠르지만, 다리가 움직이는 패턴은 마찬가지이다. 다른 동물들은 여러 가지 보조를 혼용한다. 가령 말을 예로 들어 보자. 말은 느린 속도로 걷는다. 좀 더 속도가 빨라지면 속보(速步, trot, 오른쪽 앞발과 왼쪽 뒷발(또는 그 역)을 동시에 들어올려 걷는 2박자 보법)가 된다. 그리고 최고 속도를 낼 때에는 습보(襲步, gallop, 한 다리가 착지하자마자 공중으로 떠서 달리는 가장 빠른 3박자 보법)로 내달린다. 일부 곤충들은 속보와 습보의 중간쯤에 해당하는 구보(驅步, canter)라는 걸음걸이를 가지고 있다. 그 차이는 매우 근본적이다. 속보는 단지 빨리 걷는 것만이 아니라 전혀 다른 유형의 운동이다.

1965년에 미국의 동물학자 밀턴 힐더브란드(Milton Hildebrand)는 대부분의 보조가 어느 정도 대칭성을 갖는다는 사실을 알아냈다. 다시 말해서 가령 동물이 앞다리 2개를 동시에 딛고 뛰어오르면 뒷다리들 역시 함께 움직이게 된다. 뛰어오르는 방식의 보조는 동물의 양측 대칭의 특성을 반영하는 것이다. 다른 대칭은 그보다 훨씬 파악하기 힘들다. 예를 들어 낙타 몸통의 왼쪽 절반은 오른쪽 절반의 움직임을 같은 순서로——물론 시간적으로 반(半)주기 늦게——되밟는다. 따라서 보조는 고유한 대칭성을 가지고 있는 것이다. "몸통의 왼쪽과 오른쪽의 움직임은 반사 대칭이며, 그 위상에서는 절반의 주기에 해당하는 평행 이동 대칭을 이룬다." 여러분의 몸이 움직이는 것 역시 바로 이런 종류의 대칭 붕괴를 이용한 것이다. 여러분의 신체가 갖고 있는 양측 대칭성에도 불구하고 여러분은 동시에 두 다리를 움직일 수 없을 것이다. 그렇지만 우리 몸의 양족(兩足) 구조가 그런 동작을 취할 수 없는 데는 분명 어떤 이유가 있다. 느린 속도로 양쪽 다리를 동시에 움직이면 넘어질 수밖에 없기 때문이다.

네발 동물에서 나타나는 가장 일반적인 일곱 가지 보조는 속보, 습보, 측대 속보(pace), 도약(bound), 보행(walk), 회전 습보(rotary gallop), 횡습보(transverse gallop) 그리고 구보이다. 속보(trot)의 경우, 실제로 다리들은 대각선 방향으로 쌍을 이루어 움직인다. 우선 왼쪽 앞발과 오른쪽 뒷발이 지면을 딛고, 그런 다음 오른쪽 앞발과 왼쪽 뒷발이 땅을 딛는다. 도약에서는 2개의 앞발이 지면을 딛고, 다음에 2개의 뒷발이 한꺼번에 땅을 박차며 뛰어오른다. 측대 속보는 앞다리와 뒷다리를 동시에 움직인다. 우선 왼쪽 앞다리와 뒷다리가 땅을 딛고, 다음에 오른쪽 앞다리와 뒷다리가 함께 지면을 딛는 식이다. 보행은 좀 더 복잡하지만, 마찬가지로 리듬 패턴을 포함하고 있다. 왼쪽 앞발, 오른쪽 뒷발, 오른쪽 앞발, 왼쪽 뒷발의 순서로 계속 반복된다. 회전 습보의 경우는, 앞다리들이 거의 동시에 지면에 닿지만 한쪽 앞다리가 조금 늦게 땅에 닿는 식이다. 그런 다음 2개의 뒷다리가 역시 거의 동시에 땅을 박찬다. 그런데 이번에는 같은 쪽 뒷다리가 다른 쪽보다 조금 늦게 땅에 닿는다. 횡습보도 회전 습보와 거의 비슷하지만, 뒷다리의 경우 그 순서가 반대이다. 구보는 다른 걸음걸이들보다 훨씬 신기하다. 우선 왼쪽 앞발, 다음에 오른쪽 뒷발, 그리고 나머지 두 다리가 동시에 지면을 딛는다. 그런데 이런 것들보다 훨씬 희귀한 보조가 있다. 그것은 '프롱크(pronk)'라 불리는 것으로, 네 다리로 동시에 땅을 박차면서 빠른 속도로 달리는 방법이다.

프롱크는 만화에 묘사되는 그림을 제외한다면 쉽게 발견하기 힘든데, 어린 사슴이 달리는 모습에서 가끔 관찰할 수 있다. 측대 속보는 낙타, 도약은 개에서 찾아볼 수 있다. 치타는 최고 속력을 낼 때 회전 습보를 이용한다. 말은 네발짐승 중에서 가장 다양한 보조를 자랑한다. 보행, 속보, 횡습보, 구보 등 주위 환경에 따라 여러 가지 걸음걸이를 자유자재로 사용한다.

보조를 바꾸는 능력은 CPG 역학에서 오는 것이다. CPG 모형 뒤편의 기본적인 개념은 비교적 단순한 신경 회로의 자연적인 진동 패턴에 의해 결정된다. 그러면 이 회로는 어떤 모습일까? 동물의 몸 속 신경 회로의 특정 부분의 위치를 파악하려고 시도하는 것은 사막에서 특정한 모래알 하나를 찾으려 하는 것과 마찬가지이다. 가장 단순한 동물이라 하더라도 그 신경계 전체의 지도를 작성하는 작업은 현대 과학의 능력을 넘어선다. 따라서 우리는 간접적인 방식으로 CPG 설계의 문제를 들여다보아야 할 것이다.

한 가지 접근 방식은, 제각기 다르지만 서로 연관된 보조의 대칭 패턴을 일으키는 가장 단순한 유형의 신경 회로를 만드는 것이다. 처음에 그 회로는 층층이 쌓여 있는 높다란 체계처럼 보일 것이다. 그리고 마치 자동차의 기어처럼 한 보조에서 다른 보조로 전환이 가능한 스위치가 달린 정교한 구조를 만들려고 시도할 수도 있을 것이다. 그러나 호프 분기론은 그보다 훨씬 더 단순하고 자연스러운 방법이 있다고 말해 준다. 보조에서 발견된 대칭 패턴은 진동의 대칭적 연결망에서 발견되는 패턴의 흔적을 강하게 남기고 있다는 것을 알 수 있기 때문이다. 이러한 연결망은 자연적으로 대칭 붕괴 진동의 모든 레퍼토리(특정한 명령에 사용되는 모든 범위의 문자나 부호—옮긴이)를 갖추고 있으며, 지극히 자연스러운 방식으로 여러 가지 패턴으로 전환할 수 있다. 따라서 복잡한 변속기가 굳이 필요 없다.

예를 들어 두발동물의 CPG에 해당하는 연결망은 한쪽 다리에 하나씩 똑같은 2개의 진동자를 필요로 한다. 수학은 2개의 동일한 진동자가 쌍을 이루고 있을 경우—서로 연결되어 있어서 서로 상대쪽 다리의 상태에 영향을 미치는 경우—정확히 두 가지의 전형적인 진동 패턴이 존재한다는 것을 보여 준다. 하나는 양쪽 진동자가 똑같이 움직이는 '동위상(同位相, in-phase)' 패턴이다. 다른 하나는 양쪽 진동자가 다른 점에서는 모두 동일하지만 2분의 1 주기만큼 위상차(位相差)를 갖는 '비동위상(非同位相, out-of-phase)' 패턴이다. 하나의 진동자가 한쪽 다리를 담당하며, CPG에서 나오는 이 신호가 양족동물의 다리를 제어하는 근육들을 움직이는 데 사용된다고 가정하자. 그 결과로 나타나는 보조 역시 그와 똑같은 두 가지 패턴을 나타내게 된다. 연결망의 동위상 진동이 이루어질 때에는 양쪽 다리가 함께 움직인다. 이때 그 동물은 마치 캥거루처럼 두 다리를 함께 사용해서 펄쩍 뛰는 동작을 취하게 된다. 그에 비해 CPG에서 지시하는 비동위상 운동은 사람의 걸음걸이와 유사한 보조를 낳는다. 이러한 두 가지 보조가 두 발을 가진 두발동물에서 가장 일반적으로 쓰인다(물론 두발동물은 그 밖의 보조도 이용할 수 있다. 예를 들어 한쪽 다리만 사용해서 껑충 뜀(hop) 수 있다. 그러나 이 경우에 동물들은 효율성을 위해 스스로 한 발을 가진 동물로 모습을 바꾼다.).

그렇다면 네 다리를 가진 동물의 경우는 어떨까? 가장 간단한 모형은 4개의 진동자가 —— 발 하나에 진동자 하나씩 —— 하나로 결합된 시스템일 것이다. 그런데 이 경우에 수학은 무척 다양한 패턴들을 예상한다. 수학이 예견하는 패턴의 거의 대다수는 실제로 동물들에게서 관찰되는 다양한 보조와 일치한다. 가장 대칭적인 보조인 프롱크는 4개의 진동자가 동시에 작동하는 경우이다. 따라서 대칭성은 붕괴되지 않는다. 그 다음으로 많은 대칭성을 유지하는 걸음걸이인 도약, 측대 속보, 그리고 속보는 4개의 진동자들을 2개의 비동위상 쌍으로 묶은 결과이다. 그러니까 앞/뒤, 왼쪽/오른쪽, 또는 대각선 방향으로 2개씩 짝을 짓는 방식이다. 평보

(walk)은 회전하는 8자형 패턴(figure-eight pattern)이며, 수학에서는 자연적으로 나타난다. 두 종류의 습보(襲步)는 그보다 훨씬 복잡하다. 회전 습보는 측대 속보와 도약을 섞어 놓은 것이다. 그리고 횡습보는 도약과 속보의 혼합에 해당한다. 구보는 그보다 훨씬 파악하기 힘들어, 아직까지 많은 것이 알려지지 않았다.

이 이론은 곤충과 같은 6족 생물들에게도 곧바로 확장시킬 수 있다. 일례로 바퀴벌레 — 그리고 사실 대부분의 곤충들 — 의 전형적인 보조는 3각(三脚) 보조이다. 이때 한쪽의 중간 다리는 다른 쪽의 앞다리, 뒷다리와 동시에 움직인다. 그런 다음 다른 세 다리가 첫 움직임과 2분의 1의 위상차로 움직인다. 이것이 6개의 진동자가 하나의 고리로 연결되어 나타나는 자연적인 패턴의 하나이다.

또한 대칭 붕괴 이론은 동물이 어떻게 변속기도 없이 보조를 바꿀 수 있는지, 그리고 어떻게 진동자들로 구성된 하나의 연결망이 서로 다른 조건하에서 여러 패턴에 적응할 수 있는지 설명해 준다. 보조 사이에서 나타날 수 있는 이행들은 대칭에 의해서도 조직될 수 있다. 동물이 빠른 속도로 움직일수록 그 보조의 대칭성은 줄어든다. 속도가 더 빨라질수록 더 많은 대칭성이 깨지는 것이다. 그러나 왜 동물들이 보조를 바꾸는가라는 의문에 설명을 하기 위해서는 보다 상세한 생리학적 정보가 필요하다. 1981년에 D. F. 호이트(D. F. Hoyt)와 R. C. 테일러(R. C. Taylor)는 말들이 지형에 따라 보행 속도를 결정하며, 산소 소비를 최소화시킬 수 있는 보조를 선택한다는 사실을 발견했다.

지금까지 우리는 보조의 수학에 관해 비교적 상세하게 살펴보았다. 그것은 일견 관계가 없는 것처럼 보이는 분야에 수학적 방법을 적용한 흔치 않은 사례이기 때문이다. 이 장의 끝부분에서 나는 여러분에게 동일한 일반적인 개념들의 또 다른 적용 사례를 보여 주고자 한다. 단, 이 경우에는 대칭이 붕괴되지 않는다는 사실이 생물학적으로 중요하다는 점에서 앞의 보기와 차이를 갖는다.

동남아시아에서 볼 수 있는 자연의 대장관 중 하나가 동시에 불을 밝히는 개똥벌레의 거대한 무리이다. 1935년에 과학 잡지 《사이언스(*Science*)》에 실린 「개똥벌레의 동시 발화(Synchronous Flashing of Fireflies)」라는 제목의 논문에서 미국의 생물학자 휴 스미스(Hugh Smith)는 그 현상을 다음과 같이 흥미롭게 묘사했다.

> 105센티미터 내지 120센티미터 정도 높이의 나무를 상상해 보라. 그 나무의 나뭇잎 한 장마다 개똥벌레가 한 마리씩 앉아 있고, 그리고

모든 개똥벌레들이 약 2초에 세 번씩 일제히 불빛을 낸다고 상상해 보라. 불빛이 나오는 나무와 나무 사이에는 칠흑 같은 어둠이 깔려 있고, 강에서 160미터 떨어진 곳에는 망그로브 나무들이 마치 줄을 서듯 일렬로 늘어서 있는데, 그 나무의 잎 하나마다 개똥벌레들이 앉아서 정확히 같은 순간에 일제히 불을 밝히는 광경을 머릿속으로 그려 보라. 만약 상상력이 풍부한 사람이 그 장면을 본다면 그는 이 놀라운 장관을 지켜보면서 마음속으로 어떤 개념을 형상화시킬 것이다.

개똥벌레들은 왜 일제히 불을 밝힐까? 1990년에 레나토 미롤로(Renato Mirollo)와 스티븐 스트로가츠(Steven Strogatz)는 이러한 동시성이 모든 개똥벌레들이 서로 상호 작용하는 수학적 모형에서 나타날 수 있는 규칙임을 입증했다. 여기에서 사용된 방법도 곤충들을 한데 결합된 진동자들의 집단으로—이 경우에는 시각적 신호를—모형화시킨 것이었다. 그 모형에서 개똥벌레의 무리는 완전히 대칭적인 쌍을 이루는 진동자들의 연결망으로 표현된다. 즉 각각의 진동자가 정확히 동일한 방식으로 다른 진동자들에 영향을 미치는 것이다. 1975년 미국의 생물학자 찰스 페스킨(Charles Peskin)에 의해 소개된 이 모형의 가장 두드러진 특징은 진동자들이 펄스(pulse)에 의해 결합되어 있다는 점이다. 다시 말해서 하나의 진동자가 이웃 진동자들에 영향을 미치는 것은 섬광을 내는 순간뿐이라는 것이다.

이러한 모든 상호 작용을 수학적으로 풀어내어 그 상호 작용의 전체적인 결과를 뚜렷이 밝히기란 쉽지 않다. 미롤로와 스트로가츠는 초기 조건이 어떠하든 간에, 결국 모든 진동자들이 동기화(同期化)된다는 것을 증명했다. 그 근거는 흡수(absorption)라는 개념이다. 흡수는 서로 다른 위상을 갖는 두 진동자가 '한데 맞물릴 때' 발생한다. 그런 과정을 거친 후에는 두 진동자가 같은 위상을 유지하게 된다. 이러한 연결이 충분히 대칭적이기 때문에, 일단 진동자 집단이 서로 맞물리면 그 상태에서 풀려날 수 없게 된다. 기하학적, 분석적 증거에 따르면, 모든 진동자들이 한데 맞물리면 연쇄적으로 흡수가 일어나게 된다고 한다.

동물의 보행과 (개똥벌레의) 동기화가 우리에게 주는 가장 큰 메시지는 자연의 리듬이 종종 대칭적으로 연결되며, 그때 나타나는 패턴들은 대칭 붕괴의 보편 원리의 힘을 빌려 수학적으로 분류될 수 있다는 것이다. 대칭 붕괴의 원리가 자연계에서 제기될 수 있는 모든 물음에 대한 답을 주는 것은 아니다. 그렇지만 그 원리는 모든 문제에 대해 통일적인 틀을 제공할 수 있으며, 종종 아주 새롭고 흥미로운 물음들을 제기한다. 특히 그 원리들은 답과 함께 다음과 같은 질문을 던진다. 왜 다른 패턴이 아니라 하필이면 그 패턴인가?

그보다는 덜 중요하지만 또 다른 메시지는, 우리가 흔히 수학적이라고 생각하지 않는 자연의 여러 가지 측면들을 수학이 보여 준다는 점이다. 우리는 1917년에 발간된 스코틀랜드의 동물학자 다시 톰슨(D'Arcy Thompson)의 『성장과 형태에 관하여(*On Growth and Form*)』라는 책에서 이 메시지를 발견할 수 있다. 그 책은 생물학적 형태와 그 행동의 발생에서 수학이 얼마나 중요한 역할을 하는가에 대해 그럴듯한 증거들을 다양하게 제시하고 있다. 대부분의 생물학자들이 동물과 연관된 유일한 흥미로운 사실은 DNA 배열이라는 식의 생각에 빠지기 쉬운 시대에, 그 메시지는 아무리 크게, 아무리 자주 반복되어도 결코 지나치지 않을 것이다.

8
신과 주사위

아이작 뉴턴이 남긴 지적 유산은 우주가 그것이 탄생한 시점부터 작동을 시작해, 그 이후 충실한 기계처럼 미리 정해 준 홈을 따라 한 치의 오차도 없이 작동해 온 시계 장치라는 상(像)이다. 그것은 우리 우주가 완전히 결정론적인 세계이고 우연성이 끼어들 여지가 한 치도 없으며 미래가 현재에 의해 완벽하게 결정된다는 세계관이다. 위대한 수리천문학자인 피에르시몽 드 라플라스(Pierre-Simon de Laplace)는 1812년에 『확률에 대한 분석 이론(*Analytic Theory of Probabilities*)』에서 그 우주상을 다음과 같은 뛰어난 문장으로 표현했다.

자연에 생명을 불어넣는 모든 힘과 자연을 구성하고 있는 삼라만상의 상대적인 위치를 남김없이 알고 있는 지성이 있다면, 그리고 그 지성이 자신이 가진 자료를 분석할 수 있을 만큼 거대하다면, 그 지성은 우주의 가장 거대한 천체들에서 가장 가벼운 원자들에 이르는 모든 것의 움직임을 하나의 공식으로 압축할 수 있을 것이다. 그런 지성에게 불확실한 것이라곤 없으며 그 지성의 눈앞에는 과거와 마찬가지로 미래의 모습도 환히 펼쳐질 것이다.

미래가 완전히 예측 가능하다는 똑같은 관점이 더글러스 애덤스(Douglas Adams)가 1979년에 발표한 과학 소설 『은하수를 여행하는 히치하이커를 위한 안내서(*The Hitchhiker's Guide to the Galaxy*)』에서 벌어지는 흥미로운 사건에서도 등장한다. 이 소설에서 철학자인 매직타이스와 브룸폰델은 슈퍼 컴퓨터 '디프 소트(Deep Thought, 심오한 지성)'에게 지금까지 인류가 풀지 못한 생명, 우주 그리고 만물에 관한 수수께끼의 답을 계산하라는 명령을 내린다. 열렬한 SF 팬이라면 그로부터 500만 년이 지난 다음 컴퓨터가 '42'라는 답을 내놓았다는 것을 기억할 것이다. 그때서야 철학자들은 컴퓨터가 내놓은 답변은 분명하고 정확했지만, 문제 자체는 그렇지 못했음을 깨닫게 된다. 그와 마찬가지로, 라플라스의 생각의 문제점은 그가 내놓은 답——우주가 이론상으로 예측 가능하며, 그 예측이란 뉴턴의 운동 법칙의 특수한 수학적 특성의 정확한 제시일 따름이라는——에 있는 것이 아니라 그 사실에 대한 그의 해석에 있었다. 그의 생각은 잘못된 질문에 기반을 둔 엄청난 오해였다. 오늘날 수학자와 물리학자들은 더 적절한 질문을 제기함으로써 결정론과 예측 가능성이 동의어가 아니라는 사실을 이해하게 되었다.

일상 생활에서 우리는 라플라스의 결정론 모형이 전혀 들어맞지 않는 숱한 사례들과 마주치게 된다. 아무 일 없이 계단을 오르내리다가 발목을 삐거나 부러뜨리는 사고가 일어난다. 테니스 시합을 하다가 갑작스런 소나기를 만나기도 한다. 경마에서 좋아하는 말에 내기를 걸었는데, 6마신(馬身) 차이로 앞서 나가던 말이 마지막 바퀴에서 넘어지는 불상사가 벌어지기도 한다. 우리가 살고 있는 세상은——알베르트 아인슈타인이 양자론을 부정하면서 했던 유명한 말처럼——신이 주사위놀이를 하는 곳이라기보다는 오히려 주사위가 신 행세를 하는 곳에 가까운 것 같다.

과연 우주는 라플라스가 주장했듯이 결정론적인가? 아니면 우리 주변에서 자주 벌어지듯이 우연에 의해 지배되는가? 라플라스가 옳았다면 우리 경험의 상당 부분이 그의 생각과 어긋나는 것은 무슨 이유에서인가? 수학의 가장 놀라운 새로운 분야 중 하나인 비선형 동역학(nonlinear dynamics) — 흔히 카오스 이론으로 알려져 있다. — 은 여러 가지 답이 가능하다고 주장한다.

그것이 사실이든 아니든 간에 이 새로운 수학은 질서와 무질서, 법칙성과 유연성, 예측 가능성과 임의성에 대한 우리의 사고방식에 일대 전환을 불러왔다.

현대 물리학 이론에 따르면, 자연은 시간과 공간의 가장 작은 척도에서 우연에 의해 지배된다고 한다. 예를 들어 우라늄과 같은 방사성 원자가 특정 순간에 붕괴할 것인가 아닌가는 순전히 우연의 문제이다. 붕괴하는 우라늄 원자와 그렇지 않은 우라늄 원자 사이에 어떤 물리적인 차이도 없다. 그야말로 전혀 아무런 차이도 없는 것이다.

이 주제에 대해 토론을 하기 위해서는 최소한 두 가지 배경이 필요하다. 하나는 양자 역학이고 다른 하나는 고전 역학이다. 이 장의 대부분에서 우리는 고전 역학을 다루게 될 것이다. 그러나 잠깐 양자 역학적 배경에 대해 살펴보기로 하자. "자네는 신이 주사위놀이를 한다고 믿지만, 나는 완전한 법칙성과 질서를 믿네."라는 아인슈타인의 유명한 말(그의 동료인 막스 보른(Max Born)에게 보낸 편지에 쓴 말이다.)이 나오게 된 원인이 바로 이 양자적 불확정성이었다. 내 생각으로는 양자적 불확정성이라는 물리학의 정통 견해에는 무언가 석연치 않은 부분이 남아 있는 것 같다. 그리고 그런 생각이 드는 사람이 나만은 아닌 것이다. 점차 많은 물리학자들이 아인슈타인이 옳았고, 지금까지의 양자 역학에는 무언가 빠진 부분이 있다는 생각을 하기 시작했다. 그것은 원자가 붕괴하는 값인 '숨겨진 변수(hidden variable)'일 것이다(그런데 이것이 종전까지의 견해가 아니라는 점을 분명히 해야 할 것 같다.). 그런 생각을 품고 있는 학자들 중에서 가장 잘 알려져 있는 사람은 프린스턴 대학교의 물리학자인 데이비드 봄(David Bohm)이다. 그는 완선히 결정론석이지만, 양자적 불확정성이라는 종전의 견해를 지지하는 데 이용되어 온 수수께끼와 같은 현상들에 대해서도 전혀 모순을 일으키지 않는 수정판 양자역학을 고안해 냈다. 그런데 봄의 개념도 그 자체의 문제점을 가지고 있다. 특히 양자적 불확정성만큼이나 불안한 일종의 '원격 작용(action at a distance)'이라는 문제에서 상당한 모순점을 내포하고 있다.

양자 역학이 가장 작은 미시(微視) 규모에서 나타나는 불확정성에 대해서 효력을 발휘할 수 있다 하더라도, 시간과 공간의 거시(巨視) 규모에서 우주는 결정론적 법칙에 따른다. 이런 현상은 '결어긋남(decoherence)'이라고 불리는 효과의 결과이다. 이 효과는 충분히 큰 규모의 양자적 계가 거의 모든 불확정성을 상실하고 뉴턴적 계와 비슷하게 행동하도록 만든다. 실제로 이것은 대부분의 사람만 한 대상에 대해 고전 역학을 복원시키는 셈이다. 말, 기상(氣象), 아인슈타인의 유명한 주사위는 양자 역학 때문에 예측이 불가능한 것이 아니다. 뉴턴적 모형에서도 여전히 예측이 불가능하다. 말에 대해 생각해 보면 이런 이야기는 별로 놀라울 것도 없다. 생물들은 아침식사로 어떤 건초를 먹는가를 선택하는 것처럼 나름대로 숨겨진 변수들을 가지고 있다. 그러나 날씨를 몇 개월 앞서 예보하겠다는 꿈을 가지고 기상을 다루는 대규모 컴퓨터 시뮬레이션을 개발했던 기상학자들에게는 놀라운 이야기일 것이다. 그런데 주사위의 경우에는 그 놀라움의 정도가 더욱 커진다. 지금까지 사람들이 주사위를 우연성의 상징이라도 되는 듯 잘못 생각해 왔지만, 실제로는 그렇지 않기 때문이다. 주사위는 정육면체이다. 굴려진 주사위의 움직임이 궤도를 도는 행성들보다 예측하기 힘들 것은 없다. 결국 그 두 가지는 모두 동일한 역학적 운동 법칙에 따르기 때문이다. 주사위와 행성의 형태는 서로 다르지만, 모두 규칙적이고 수학적 형태를 갖는다는 점에서는 마찬가지이다.

예측 불가능성이 결정론과 어떻게 조화를 이룰 수 있는지 살펴보기 위해서 전 우주보다 훨씬 작은 계에 대해 생각해 보자. 예를 들어 수도꼭지에서 똑똑 떨어지는 물방울을 생각해 보자. 이것은 결정론적 계이다. 이론상 수도꼭지로 흘러들어가는 물의 흐름은 균일하다. 그리고 물의 흐름이 일어났을 때 발생하는 일은 유체의 운동 법칙에 의해 전부 기술된다. 그러나 아주 간단하고 효과적인 실험을 통해서 이 분명한 결정론적 계가 예측 불가능한 방식으로 움직이게 할 수 있음을 증명할 수 있다. 그리고 그 실험을 통해 우리는 일종의 수학적인 '수평적 사고(lateral thinking, 기존 관념에 얽매이지 않는 창의적 사고 방식—옮긴이)'에 도달할 수 있게 된다. 그 사고 방식은 어떻게 이런 역설이 가능한지 설명해 준다.

수도꼭지를 아주 조금 돌리고 물이 흘러나오기까지 몇 초 동안 기다리면, 일정한 시간 간격을 두고 규칙적인 리듬으로 물방울이 떨어지게 할 수 있다. 이 경우보다 더 분명하게 예측할 수 있는 보기를 찾기는 힘들 것이다. 그러나 수도꼭지를 조금 더 틀어 물의 흐름을 증가시키면 물방울이 아주 불규칙하게 무작위적으로 떨어지는 것처럼 보이게 만들 수 있다. 이런 불규칙한 흐름을 만들어내려면 약간 더 세심한 노력이 필요할 것이다. 그렇지만 수도꼭지를 아주 조금씩 돌리면 누구나 성공할 수 있다. 이때 주의할 점은 꼭지를 너무 세게 돌려서 물이 계속 흘러나오지 않게 하는 것이다. 우리가 얻으려는 것은 중간 정도 빠르기의 물방울이다. 여러분이 이런 흐름을 만드는 데 성공했다면, 얼마 동안 귀를 기울여도 어떤 패턴이 나타나는 것을 듣지 못할 것이다.

1978년에 샌터크루즈에 있는 캘리포니아 대학교의 도전적인 젊은 대학원 학생들이 '동역학적 계 집단(Dynamical Systems Collective)'이라는 그룹을 형성했다. 그들은 물방울 계에 대해 고찰하는 과정에서 물방울의 움직임이 겉보기처럼 임의적이지 않다는 사실을 깨달았다. 그들은 마이크를 이용해서 물방울이 떨어지는 소리를 녹음하고, 물방울이 떨어지는 시간 간격을 분석했다. 그 결과, 그들은 단기적인 예측 가능성을 발견했다. 내가 여러분에게 세 방울의 물방울이 연속적으로 떨어지는 시점을 이야기해 준다면, 여러분은 다음 물방울이 언제 떨어질지 예측할 수 있을 것이다. 예를 들어 마지막 세 물방울의 시간 간격이 0.63초, 1.17초, 그리고 0.44

초였다면, 다음 물방울이 0.82초 후에 떨어질 것이라고 확실하게 예측할 수 있을 것이다(이 숫자는 실제 관찰 결과가 아니라 이해를 돕기 위해 예로 든 것이다.). 실제로 만약 여러분이 처음 세 물방울의 시간 간격을 정확히 알고 있다면, 여러분은 그 계의 모든 미래를 예견할 수 있다.

그렇다면 왜 라플라스가 틀렸단 말인가? 요는 우리가 그 계의 초기 상태를 절대로 정확히 측정할 수 없다는 것이다. 물리적 계를 대상으로 지금까지 이루어진 가장 정확한 측정도 고작 소수점 이하 10내지 12자리까지에 불과했다. 그러나 우리가 무한히 정확하게, 소수점 이하 무한한 자리까지 측정을 계속할 수 있다면 라플라스의 주장은 옳을 것이다. 물론 현실적으로 그렇게 측정할 수 있는 방법은 없다. 라플라스가 살았던 시대의 사람들은 이러한 측정의 오차가 얼마나 큰 차이를 불러오는지에 대해 알지 못했다. 그들은 가령 소수점 이하 10자리까지 계산을 할 수 있다면, 이후에 이루어지는 예측도 소수점 이하 10자리까지는 정확할 것이라는 식으로 생각했다. 오차 자체를 없애는 것은 불가능하지만, 그 오차가 늘어나지는 않는다고 믿은 것이다.

그러나 불행하게도 오차는 늘어난다. 일련의 단기 예측들을 하나로 모아 장기 예측을 할 수 없는 이유는 바로 그 때문이다. 예를 들어 처음 세 물방울이 떨어지는 시간 간격을 소수점 이하 10자리의 정확도로 알고 있다고 하자. 그러면 나는 다음 물방울이 떨어지는 시간 간격을 소수점 이하 9자리까지 예측할 수 있다. 그 다음 물방울은 소수점 이하 8자리… 식으로 계속된다. 매 단계마다 오차는 10배씩 늘어나고, 그에 따라 나는 매번 한 자리씩 자신감을 잃어 가게 된다. 따라서 그런 식으로 10단계가 지나면 그 다음 물방울이 얼마 후 떨어질지를 전혀 예측할 수 없게 된다(물론 정확도가 유지되는 자릿수가 다를 수도 있다. 가령 6개의 물방울이 떨어진 다음 소수점 이하 한 자리의 정확도가 상실될 수도 있다. 그러나 이 경우에도 겨우 60개의 물방울이 떨어지고 나면 똑같은 문제점이 발생하게 된다.).

이러한 오차의 증폭이야말로 라플라스의 완전한 결정론이 사라질 수밖에 없는 논리적 틈새인 셈이다. 완벽한 측정이 불가능한 한 아무리 작은 오차도 같은 결과를 초래하게 된다. 가령 소수점 이하 100자리까지 물방울의 시간 간격을 측정했다 하더라도 결국 우리의 예견은 100번째 물방울부터(좀 더 낙관적인 추정을 근거로 삼는다 해도 600번째 물방울부터) 실패로 돌아갈 수밖에 없다. 이런 현상을 '초기 조건에 대한 민감성(sensitivity to initial conditions)', 좀 더 전문적인 용어를 사용한다면 '나비 효과(the butterfly effect)'라고 한다(도쿄에 있는 나비가 날개를 치면 그 영향으로 한 달 후에 플로리다에서 허리케인이 발생한다.). 이 현상은 행동의 고도의 불규칙성과 뗄 수 없이 밀접하게 연결되어 있다. 진정한 의미에서 규칙적인 것은 확실하게 예측이 가능하다. 그러나 초기 조건에 대한 민감성은 그 움직임을 예측 불가능한—따라서 불규칙한—무엇으로 바꾸어 놓는다. 그 때문에 초기 조건에 민감한 반응을 나타내는 계를 '카오스적(chaotic)'이라고 한다. 카오스적인 운동은 결정론적 법칙에 따른다. 그러나 그 움직임이 너무 불규칙하기 때문에, 전문적인 훈련을 받지 않은 사람의 눈에는 거의 임의적인 것처럼 보일 정도이다. 카오스는 그저 단순히 복잡하고 패턴이 없는 움직임을 뜻하는 것이 아니다. 실제로 그보다 훨씬 파악하기 힘든 현상이다. 카오스는 분명 복잡하고 겉보기로는 아무런 패턴도 갖지 않는 움직임처럼 보이지만, 실제로는 매우 단순하고 결정론적인 설명이 가능하다.

카오스는 무척 많은 사람들에 의해 발견되었다. 이 자리에서 그 사람들의 이름을 모두 열거할 수 없을 정도이다. 카오스가 발견된 것은 세 가지 독립적인 연구가 하나로 합쳐진 결과였다. 하나는 반복되는 주기와 같은 단순한 패턴에서 좀 더 복잡한 행동 유형으로의 과학적 초점 변화이다. 두 번째는 컴퓨터이다. 컴퓨터의 등장으로 동역학 방정식의 풀이를 훨씬 빠르고 수월하게 찾을 수 있게 되었다. 그리고 세 번째는 동역학에 대한 새로운 수학적 관점, 다시 말해서 수리적 관점이라기보다는 기하학적 관점이다. 첫 번째는 카오스를 찾으려는 동기를 주었고, 두 번째는 그 방법을, 그리고 세 번째는 카오스에 대한 이해를 가져다주었다.

동역학을 기하학으로 해석하려는 시도는 약 100년 전부터 시작되었다. 프랑스의 수학자 앙리 푸앵카레(Henri Poincaré)는 ─ 수학자 중에서 역사상 유례를 찾아볼 수 없는 독불장군이었지만 명석함도 그에 못지않아 그의 관점은 거의 하룻밤 사이에 정통 이론이 되었다. ─ 처음으로 위상 공간(位相空間)을 발명해 냈다. 위상 공간은 어떤 동역학적 계의 가능한 모든 운동을 나타내는 수학적 가상 공간이다. 그러면 비(非)역학적 보기로 생태계에서 나타나는 포식자와 먹이 사이의 집단 동역학을 살펴보자.

포식자는 돼지이고 먹이(피포식자)는 톡 쏘는 맛이 나는 버섯의 일종인 송로버섯(truffle)이다. 우리가 관심을 갖는 변수들은 두 집단의 크기, 즉 돼지의 개체수(100만과 같은 참조 숫자에 대한 상대적인 숫자를 사용한다.)와 송로버섯(돼지의 경우와 마찬가지이다.)의 개체수이다. 이 선택은 변수들을 연속적으로 만들어 준다.──다시 말해서 그 숫자는 전체 개체수뿐 아니라 자릿수를 가진 실수의 개체수를 가질 수 있다. 예를 들어 돼지의 준거 숫자는 100만이고, 따라서 1만 7439마리의 돼지 집단은 0.017439라는 수에 상응한다. 송로버섯의 자연 증가는 기존 송로버섯의 개체수, 그리고 돼지가 송로버섯을 먹어 치우는 속도에 따라 달라진다. 그리고 돼지 집단의 증가는 기존 돼지의 수와 돼지들이 송로버섯을 먹는 정도에 따라 달라진다. 따라서 각각의 변수의 변화율은 2개의 변수에 따라 달라지고, 관찰 결과는 집단 동역학을 위한 미분 방정식의 체계로 변환될 수 있다. 그렇지만 이 자리에서는 그런 방정식을 소개하지 않겠다. 우리의 논의에서는 방정식 자체보다는 그 방정식을 가지고 무엇을 하는가가 더 중요하기 때문이다.

이 방정식들은 이론상으로 특정한 집단의 초기값이 시간에 따라 어떻게 변화하는가를 결정한다. 예를 들어 가령 우리가 1만 7439마리의 돼지와 78만 8444개의 송로버섯에서 출발할 경우 돼지의 변수에 0.017439, 송로버섯의 변수에 0.788444를 대입하게 된다. 그리고 그 방정식은 그 숫자들이 어떻게 변화하는지 암시적으로 이야기해 줄 것이다. 그런데 문제는 '암시적'인 것을 분명한 것으로 바꾸어 내는 작업, 즉 방정식을 푸는 일이 쉽지 않다는 점이다. 어떤 의미에서 어렵다는 것일까? 고전적인 수학자들의 자연스러운 반응은 특정 순간에 돼지 집단과 송로버섯 집단이 정확히 어떤 상태인지 분명하게 말해 줄 수 있는 공식을 찾으려 들 것이다. 그러나 불행히도 그런 '명백한 해법'은 극히 드물다. 따라서 방정식이 매우 특수하고 제한된 형태를 띠지 않는 한 그런 해법을 찾으려는 노력은 대개 수포로 돌아가고 만다. 그 대안이 컴퓨터상에서 근삿값에 해당하는 해법을 찾는 것이다. 그러나 근삿값은 특정한 초기값에 한정해서 어떤 일이 일어날 것인가만을 이야기해 줄 뿐이다. 반면 우리는 수많은 초기값에 대해 어떤 일이 일어날 것인지를 알고 싶어 한다.

푸앵카레의 생각은 '모든' 초기값에 대해 일어날 수 있는 일들을 남김없이 보여 주는 상을 그려 내는 것이었다. 그 계의 상태, 즉 특정 순간의 두 집단의 크기는 좌표라는 오래된 방법을 이용해서 평면상의 한 점으로 나타낼 수 있다. 일례로 우리는 돼지 집단을 수평 좌표값으로, 그리고 송로버섯 집단을 수직 좌표값으로 표시할 수 있다. 앞에서 보기로 들었던 두 집단의 초기 상태는 수평 좌표값 0.017439와 수직 좌표값 0.788444에 해당하는 한 점으로 표시된다. 그러면 시간을 흐르게 해 보자. 두 좌표값은 시간이 한 시점에서 다음 시점으로 흘러가면서 미분 방정식으로 표현된 규칙에 따라 변화한다. 그에 따라 좌표값에 상응하는 점도 이동한다. 움직이는 점은 곡선 궤적을 그린다. 그리고 그 곡선이 이 계 전체의 미래에 나타날 행동을 시각적으로 표현한 것이다. 실제로 여러분은 그저 이 곡선을 지켜보기만 하면 좌표의 수치에는 신경 쓸 필요도 없이 이 계의 동역학의 중요한 특성들을 '볼' 수 있다.

일례로 만약 그 곡선이 고리를 이루어 닫힌다면, 두 집단은 같은 값이 계속 반복되는 주기적 순환을 따르게 된다. 그것은 경기장에서 자동차가 계속 같은 관람객 앞을 지나가는 것과 마찬가지이다. 만약 그 곡선이 특정 지점에 도달해서 더 이상 움직이지 않는다면, 두 집단은 정상 상태로 인정되어서 더 이상 변화하지 않게 된다. 이 경우는 연료가 바닥난 자동차와 같다. 그런데 다행스러운 우연의 일치로 주기와 정상 상태는 생태학적으로——특히 이 두 가지가 집단 크기의 상한(上限)과 하한(下限)을 결정한다는 점에서——매우 큰 중요성을 갖는다. 따라서 우리가 눈으로 쉽게 관찰할 수 있는 특성들이 실제로도 가장 중요한 특성인 것이다. 뿐만 아니라 그와 무관한 세부적인 사실들은 무시할 수도 있다. 예를 들어 우리는 그 정확한 형태(그것은 두 집단의 주기가 결합된 '파형'을 나타낸다.)를 연구하지 않아도 거기에 닫힌 고리(closed loop)가 있다는 것을 쉽게 알 수 있다.

초기값으로 다른 값을 취하려 했을 때 어떤 일이 일어날까? 우리는 두 번째 곡선을 얻게 된다. 그리고 초기값을 바꿀 때마다 새로운 곡선이 나타난다. 우리는 이런 곡선의 모든 집합을 그려서 모든 초기값에 대해 이 계의 모든 움직임을 획득할 수 있다. 이런 곡선들의 집합은 평면 위를 흘러가는 가상의 수학적 유체가 그리는 선과 흡사한 모습일 것이다. 우리는 그 평면을 그 계의 위상 공간(phase space)이라고 부른다. 그리고 어지럽게 소용돌이치는 곡선들의 집합은 그 계의 위상 묘사(phase portrait)이다. 여러 가지 초기 조건에 상응하는 미분 방정식이라는 기호에 기반을 둔 개념 대신 돼지/송로버섯 위상 공간을 흐르는 점들의 시각적 구도인 것이다. 이 평면과 일반적인 평면의 차이는 그 평면상의 점들 중 상당수가 실재하는 점이라기보다는 잠재적이라는 사실뿐이다. 그 평면의 좌표는 적절한 초기 조건하에서 실제로 나타날 수 있는 돼지와 송로버섯의 숫자에 해당한다. 그러나 특수한 경우에는 실제로 그런 숫자의 집단이 나타나지 않을 수도 있다. 다라서 거기에는 기호에서 기하학으로의 정신적인 전이(轉移)뿐 아니라 실재에서 잠재로의 철학적 전이도 포함되어 있는 것이다.

모든 동역학적 계에서 이와 똑같은 기하학적 상을 상상할 수 있다. 거기에는 그 좌표가 모든 변수의 값인 위상 공간이 있다. 그리고 가능한 모든 초기 조건에서 출발하는 모든 행동을 나타내는 곡선들(이 곡선들은 미분 방정식으로 나타낼 수 있다.)로 이루어진 계인 위상 묘사가 있다. 이런 개념은 매우 중대한 진전이다. 그 풀이의 정확하고 상세한 수치 때문에 골치를 썩지 않고도 위상 묘사의 폭 넓은 전개 과정을 집중적으로 살펴보고, 인간만이 가지고 있는 가장 큰 장점인 놀라운 시각 이미지 처리 능력을 충분히 활용할 수 있기 때문이다. 위상 공간이라는 상은 잠재적 움직임(그중에서 자연이 선택한 것이 실제로 관찰되는 움직임이다.)의 총제적인 범위를 소식하는 방법으로서 그동안 과학에서 폭넓게 확산되었다.

푸앵카레의 위대한 혁신의 결과로 동역학이 끌개(attractor)라 불리는 기하학적 형태로 시각화될 수 있었다. 어떤 최초의 점에서 동역학적 계를 출발시키고 장기적으로 그 계가 어떻게 움직이는지 관찰하면, 여러분은 그 계가 위상 공간 속에서 분명한 형태를 유지하면서 이리저리 돌아다니는 경우가 많다는 사실을 발견하게 될 것이다. 예를 들어 그 곡선은 나선을 그리며 닫힌 고리가 될 수도 있고, 그런 다음 영원히 그 고리 위를 회전하기도 한다. 게다가 초기 조건을 다르게 선택해도 그 결과로 나타나는 형태가 동일한 경우도 있다. 그럴 경우 그 형태를 끌개라고 부른다. 어떤 계의 장기적인 동역학은 그 끌개에 의해 결정되며, 끌개의 형태가 어떤 종류의 동역학이 발생하는지를 결정한다.

예를 들어 정상 상태로 안정되는 계는 하나의 점으로 이루어진 끌개를 갖는다. 동일한 움직임을 주기적으로 반복하는 식으로 안정화되는 계는 닫힌 고리의 끌개를 갖는다. 따라서 닫힌 고리 끌개는 진동자에 상응하는 셈이다. 5장에서 소개했던 진동하는 바이올린 현에 대한 설명을 상기하라. 바이올린 현은 결국 처음 출발한 위치로 돌아오는 일련의 움직임을 일으키고, 영원히 그 움직임을 계속할 준비를 갖추고 있다. 그렇지만 이 말이 바이올린 현이 물리적인 고리를 그리며 움직인다는 뜻은 아니다. 내가 현의 진동이 닫힌 고리를 이룬다고 말한 것은 비유적인 의미이다. 다시 말해서 현의 운동이 위상 공간의 동역학적 풍경(landscape) 속에서 원을 그리며 진행한다는 뜻이다.

카오스는 그 자체의 독자적이고 기묘한 기하학을 갖고 있다.

그것은 '기묘한 끌개(strange attractor)'라 불리는 신비스러운 형태와 연관된다. 나비 효과는 기묘한 끌개상에서 일어나는 미세한 운동을 미리 예측할 수 없음을 시사하고 있다. 그러나 그것이 '기묘한 끌개 역시 끌개'라는 사실 자체에 어떤 변화를 일으키지는 않는다. 폭풍우가 몰아치는 바다에 탁구공을 하나 던졌다고 상상하자. 여러분이 그 탁구공을 공중에서 던졌든, 물 속에서 놓았든 상관없이 그 공은 수면으로 떠오를 것이다. 일단 수면에 도달하면 공은 파도에 이리저리 휩쓸리며 매우 복잡한 경로를 따라 움직이게 된다. 그러나 그 경로가 아무리 복잡하다 하더라도, 탁구공 자체는 수면 위에 — 또는 수면에 매우 가까운 위치에 — 계속 남아 있을 것이다. 이 비유에서 수면은 끌개에 해당한다. 따라서 카오스라 할지라도 출발점이 어디든 간에, 그 계는 끌개에 매우 가까운 위치로 귀결하게 된다.

카오스는 수학적 현상으로 훌륭하게 정립되었다. 그러나 우리가 카오스를 실세계에서 어떻게 찾아낼 수 있을까? 그러기 위해서는 반드시 실험을 해야 한다. 그리고 거기에 문제가 있다. 지금까지 과학에서 차지하던 실험의 전통적인 역할은 이론적 예측을 검증하는 것이었다. 그러나 나비 효과가 실제로 작용한다면 — 모든 카오스적 계에 대해서—어떻게 예측을 실험할 수 있단 말인가? 카오스 자체에 검증 불가능성이 내재한 것은 아닐까? 그래서 카오스는 본질적으로 비과학적인 무엇이 아닐까?

이런 의문에 대한 답은 분명 '아니다.'이다. 그것은 예측이라는 말이 두 가지 의미를 갖기 때문이다. 하나는 '미래를 예언한다.'는 의미로 나비 효과는 카오스가 존재할 때 이런 행위를 방해한다. 그러나 다른 하나는 '어떤 실험의 결과가 어떻게 나올지 미리 기술(記述)한다.'이다. 동전 던지기를 100번 한다고 생각해 보자. 마치 점쟁이가 한 해의 운세를 점치듯 동전의 어떤 면이 앞으로 나올지 예측하려면 동전을 한 번 던졌을 때 어떤 결과가 나오는지 일일이 목록을 작성해야 할 것이다. 그러나 여러분은 미래의 시시콜콜한 사실을 예언하지 않고도 '대략 절반 정도는 앞면이 나온다.'는 과학적인 예측을 할 수 있다. 이 보기처럼 그 계가 임의적인 경우에도 말이다. 통계학이 예측 불가능한 사실들을 다룬다는 이유로 통계학을 비과학적인 학문이라고 말하는 사람은 아무도 없다. 카오스 역시 마찬가지일 것이다. 여러분은 카오스적 계에 대해 모든 종류의 예측을 할 수 있다. 실제로 여러분은 진정한 임의성에서 결정론적 카오스를 분간해 내기에 충분한 예측을 할 수 있다. 여러분이 쉽게 예측할 수 있는 것 중 하나가 그 끌개의 형태이다. 그 형태는 나비 효과에 의해 변화하지 않는다. 나비 효과가 미치는 영향은 계가 같은 끌개 위에서 다른 경로를 택하게 만드는 정도이다. 따라서 전체적인 끌개의 일반적인 형태는 실험적인 관찰을 통해 추측할 수 있는 경우가 많다.

카오스의 발견으로 그동안 법칙과 그 법칙이 만들어 내는 움직임 사이의 관계—소위 인과 관계—에 대한 우리의 이해에 근본적인 오해가 있었다는 사실이 밝혀졌다. 우리는 결정론적 원인이 반드시 규칙적인 결과를 낳는다고 생각하는 데 익숙해 있었지만 이제는 결정론적 원인이 자칫 임의성으로 잘못 해석될 만큼 불규칙한 결과를 낳을 수 있다는 것을 알게 되었다. 또한 그동안 단순한 원인이 단순한 결과를 낳는다고(마찬가지로 복잡한 원인이 복잡한 결과를 낳는다고) 생각해 왔지만, 단순한 원인이 복잡한 결과를 낳을 수 있다는 것도 알게 되었다. 그리고 우리는 법칙을 이해했다고 해서 미래의 행동을 예측할 수 있는 것이 아니라는 사실도 깨달았다.

그렇다면 원인과 결과 사이에서 어떻게 이런 모순이 나타날 수 있을까? 부엌에서 흔히 볼 수 있는 달걀을 휘저어 섞는 달걀 거품기나 과일을 갈아 마시는 데 쓰이는 믹서와 같은 가전제품에서 그 답을 발견할 수 있다. 달걀 거품기나 믹서에 달린 2개의 날은 무척 단순하고 예상 가능한 방식으로 움직인다. 라플라스가 예견했듯이 두 날은 일정한 속도로 회전 운동을 계속한다. 그러나 볼(bowl) 속에 들어 있는 설탕과 달걀 흰자의 운동은 그보다 훨씬 복잡하다. 두 재료를 섞는 것—이것이 달걀 거품기를 이용하는 목적이다. 그러나 달걀 거품기의 두 날은 서로 꼬이지 않는다. 따라서 작동을 끝낸 다음 두 날을 풀어 내지 않아도 된다. 그렇다면 머랭(달걀 흰자위와 설탕을 섞어 거품을 내어 크림처럼 단단하게 만든 상태—옮긴이)의 원료와 거품기 날의 운동이 그토록 다른 것은 왜일까? 혼합이란 우리가 흔히 생각하는 것보다 훨씬 더 복잡한 동역학적 과정이다. 가령 특정한 설탕 가루가 최종적으로 어느 위치에 가 있게 될지 예측한다고 가정해 보자. 두 재료의 혼합물이 한 쌍의 거품기 날 사이를 지나면서 문제의 설탕 가루는 좌우로 흩어지고, 처음에는 한데 몰려 있던 재료들이 멀리 떨어져 제각기 독립적인 경로를 따라 움직이게 된다. 사실 이 과정이 나비 효과이다. 초기 조건의 작은 차이가 엄청나게 큰 차이로 나타나기 때문이다. 따라서 혼합은 카오스적인 과정인 셈이다.

역으로 모든 카오스적 과정은 일종의 푸앵카레 식 가상 위상 공간 속에서 일어나는 수학적 혼합을 포함하고 있다. 밀물과 썰물은 예측할 수 있지만 기상은 예측이 불가능한 이유가 바로 그 때문이다. 두 가지 자연 현상 모두 같은 종류의 수학과 연관되지만, 기상의 동역학은 위상 공간을 혼합시키는 반면 조수(潮水)의 동역학은 그렇지 않은 것이다.

비유적으로 이야기하자면, 여러분이 하는 행동은 그렇지 않지만 여러분이 행동을 하는 방식에는 혼합이라는 과정이 포함되어 있는 것이다.

카오스는 자연의 운행에 대해 그동안 우리가 품고 있던 마음 편한 가정들을 허물어뜨린다. 카오스는 우주가 우리의 생각보다 훨씬 낯설고 기묘한 곳이라고 이야기해 준다. 그리고 전통적인 과학의 방법에 의문을 제기한다. 단지 자연의 법칙을 아는 것만으로는 충분치 않은 것이다. 다른 한편, 카오스는 우리가 그저 임의적이라고 생각하는 무엇이 실제로는 단순한 법칙들의 결과일 수도 있음을 말해 준다. 자연의 카오스는 규칙들로 속박되어 있다. 과거에 과학은 겉보기에 임의적인 것처럼 보이는 사건이나 현상을 무시하는 경향이 있었다. 그런 현상들이 분명한 패턴을 갖지 않기 때문에 단순한 법칙들에 의해 지배될 수 없다는 것이 그러한 무시의 근거였다. 그러나 실제로는 그렇지 않다. 바로 우리의 코밑에도 단순한 법칙들이 수없이 많다. 전염병을 지배하는 법칙, 심장병을 지배하는 법칙, 또는 메뚜기 떼의 대량 발생을 지배하는 법칙 등이 그것이다. 우리가 그런 법칙들을 알아낸다면, 그 결과로 닥칠지 모르는 재앙을 미연에 방지할 수도 있을 것이다.

이미 카오스는 우리에게 새로운 법칙들을 보여 주었다. 그중에는 전혀 새로운 종류의 법칙들도 포함되어 있다. 카오스는 그 자신의 독특한 방식으로 새로운 일반 패턴들을 포괄하고 있다. 가장 먼저 발견된 패턴들 중 하나가 수도꼭지에서 떨어지는 물방울의 패턴이다. 흐름의 속도에 따라 수도꼭지에서 규칙적으로, 또는 카오스적으로 물방울이 떨어질 수 있음을 상기할 필요가 있다. 실제로 규칙적으로 떨어지는 물방울과 '임의적'으로 떨어지는 물방울 모두가 약간만 다르게 변형되었을 뿐 근본은 같은 수학 법칙을 따르고 있다. 그러나 물이 수도꼭지를 통과하는 속도가 빨라짐에 따라 동역학의 유형이 바뀌게 된다. 동역학을 나타내는 위상 공간 속의 끌개는 변화를 계속한다. 그리고 예측 가능하지만 고도로 복잡한 방식으로 변화한다.

그러면 규칙적으로 떨어지는 물방울의 문제를 먼저 살펴보

자. 똑-똑-똑-똑, 반복적인 리듬에서 하나하나의 물방울은 이전의 것과 똑같다. 그러면 물방울이 떨어지는 속도가 약간 빨라지도록 수도꼭지를 아주 천천히 돌려보자. 이번에는 리듬이 똑-똑-똑-똑 하는 소리로 바뀐다. 따라서 똑-똑이라는 패턴이 계속 반복된다. 물방울이 떨어지는 소리의 크기를 결정하는 것은 물방울의 크기뿐 아니라 한 방울이 떨어지고 다음 방울이 떨어지기까지의 시간 간격의 차이도 작용한다.

물방울이 좀 더 빨리 떨어지게 만들면 이번에는 4개의 물방울로 이루어진 '똑-똑-똑-똑'의 패턴을 얻게 된다. 속도를 또 조금 늘리면 똑-똑-똑-똑-**똑-똑-똑-똑**의 물방울의 반복 순서는 이런 식으로 계속 2배로 늘어난다. 수학적 모형에서 이 과정은 16, 32, 64, 방울식으로 무한히 계속된다. 그러니 주기가 계속 2배로 늘어날수록 물방울이 떨어지는 속도의 차이는 작아진다. 그리고 이런 식의 배가(倍加)가 무한히 일어나는 속도가 있다. 이 지점에서는 어떤 물방울의 순서도 정확히 동일한 패턴을 반복하지 않는다. 그것이 카오스이다.

우리는 푸앵카레의 기하학적 언어를 이용해서 물방울에서 일어난 일을 나타낼 수 있다. 수도꼭지의 끝개는 닫힌 고리에서 시작되었다. 닫힌 고리는 주기적인 순환을 나타낸다. 이 고리를 여러분의 손가락에 감긴 고무줄이라고 생각해 보자. 그리고 물방울이 떨어지는 속도가 증가함에 따라 이 고리는 2개의 인접한 고리들로 ─ 마치 고무줄을 손가락에 두 번 감듯이 ─ 나뉜다. 고무줄은 원래 길이의 2배가 된다. 주기가 2배로 늘어나는 것은 그 때문이다. 그런 다음 똑같은 방식으로 고리의 주기는 2배로 늘어나고······ 이런 식으로 계속 배가된다. 만약 이런 배가가 무한히 계속된다면, 여러분의 손가락은 고무줄 스파게티로 둘러져 있을 것이다. 그 고무줄 스파게티가 카오스적 끌개이다.

카오스의 창조 과정에 대한 이 시나리오를 주기 배가 연속 단계(period-doubling cascade)라고 한다. 1975년에 물리학자인 미첼 파이겐바움(Mitchell Feigenbaum)은 실험을 통해 측정될 수 있는 특수한 수가 모든 주기 배가 연속 단계와 연관된다는 사실을 발견했다. 그 수는 대략 4.669이며, 수학과 자연계와의 연관성이라는 측면에서 특별한 중요성을 갖는 것으로 생각되는 신비스러운 수 중 하나로 π와 거의 같은 위치를 차지한다. 파이겐바움이 발견한 수 역시 기호로 표시된다. 그 기호는 그리스어 알파벳으로 δ(델타)이다. π는 원둘레의 길이와 지름 사이의 관계를 나타낸다. 그와 마찬가지로 파이겐바움의 수 δ는 물방울의 주기와 물이 흐르는 속도의 관계를 말해 준다. 정확하게 이야기하자면, 주기가 배가될 때마다 수도꼭지를 돌려야 하는 추가량은 4.669배로 감소한다.

수 π는 원을 포함하는 모든 것에 대한 정량적인 기호이다. 마찬가지로 파이겐바움의 수 δ도 모든 주기 배가 연속 단계에 대한 정량적인 기호이다. 다시 말해서 그것이 어떻게 생성되었든 간에, 그리고 어떤 실험 방법을 통해 이해되었든 간에 상관없이 적용되는 양적 기호라는 뜻이다. 액체 헬륨, 물, 전기 회로, 진자, 자석 그리고 진동하는 기차 바퀴 등등 모든 것을 대상으로 한 실험에서 동일한 숫자가 나타난다. 그것은 우리가 카오스라는 눈을 통해서만 볼 수 있는 자연의 새로운 패턴, 그리고 정성적인 현상에서 발생하는 정량적인 패턴의 수인 것이다. 실제로 그것은 자연의 수의 하나이다. 파이겐바움의 수는 새로운 수학으로 통하는 문을 활짝 열어 주었고, 이제 우리는 그 세계에 대한 탐험을 막 시작한 상태이다.

파이겐바움이 발견한 정확한 패턴과 그와 유사한 다른 패턴들은 극도로 정밀한 것이다. 여기에서 가장 중요한 기본적인 사실은 자연 법칙의 결과가 패턴이 없는 것처럼 보일 때라도 그 법칙들은 여전히 그 자리에 존재하며, 따라서 패턴이라는 점이다. 카오스는 임의적인 것이 아니다. '겉보기로는' 임의적인 움직임인 것 같지만 엄밀한 법칙에 의해 나타난 움직임이다. 카오스는 숨겨진 질서의 한 형태이다.

과학은 전통적으로 질서에 높은 가치를 부여해 왔다. 그러나 우리는 카오스가 과학에 분명한 이익을 가져다준다는 사실을 인식하기 시작했다. 카오스는 외부에서 가해지는 자극에 대해 쉽게 반응을 일으키게 해 준다. 상대의 서브를 기다리는 테니스 선수를 상상해 보자. 그 선수가 가만히 서 있을까? 아니면 한쪽에서 다른 쪽으로 규칙적으로 움직일까? 둘 다 아니다. 그는 양쪽 발을 이용해서 불규칙하게 움직인다. 한편으로는 상대를 혼란시키려고 하고, 다른 한편으로는 상대가 어떤 구질과 방향의 서브를 보내도 맞받아칠 수 있도록 만반의 대비를 하고 있는 것이다. 어느 방향으로 공이 오든 신속하게 몸을 움직일 수 있기 위해서 그는 여러 방향으로 재빠르게 움직인다. 카오스적 계는 비카오스적인 계보다 외부 사건에 대해 훨씬 신속하게, 그리고 훨씬 적은 노력으로 반응할 수 있다. 공학적 제어 문제에서는 이런 점이 매우 중요하다. 일례로 우리는 일부 난류(亂流)에서 카오스가 나타날 수 있다는 사실을 알고 있다. 난류가 임의적인 것처럼 보이는 것은 바로 그 때문이다.

아주 빠른 반응으로 난류 발생의 전조를 상쇄시킴으로써 비행기의 표면을 스치는 기류(氣流)에서 비행기의 운동을 방해하는 난류를 줄일 수 있다는 것은 증명이 가능하다. 생물도 끊임없이 변화하는 주위 환경에 신속하게 반응하기 위해서 카오스적으로 행동할 필요가 있다.

여러 수학자와 물리학자 들은 이런 개념을 매우 유용한 실용적인 기술로 바꾸기 위해 노력하고 있다. 그중에는 윌리엄 디토(William Ditto), 앨런 가핑클(Alan Garfinkel), 짐 요크(Jim Yorke) 등의 학자들이 포함된다. 그들은 그 방법을 카오스 제어(chaotic control)라고 부른다. 이 제어 방법의 기본 개념은 나비 효과를 유용하게 활용할 수 있다는 것이다. 초기 조건에서 나타나는 작은 변화가 결과적으로 나타나는 움직임에 엄청난 차이를 불러일으킨다는 사실 자체가 유용할 수 있다는 것이다. 여기에서 우리가 해야 할 일은 충분한 변화가 일어날 것이라고 확신하는 것뿐이다. 카오스적 동역학의 작동 원리를 이해하게 되자, 그 과정을 정확하게 실행하는 제어 전략을 고안하는 것이 가능하게 되었다. 그 방법을 활용해서 성공을 거둔 여러 가지 사례가 있다. 인공위성은 경로 수정을 위해서 히드라진(hydrazine)이라 불리는 연료를 사용한다. 카오스 제어를 활용한 최초의 성공 사례 중 하나는 수명을 다한 인공위성에 남아 있는 얼마 안 되는 히드라진을 이용해서 문제의 위성을 원래의 궤도에서 이탈시켜 소행성과 충돌시키는 작전이었다. 미국 국립항공우주국(NASA)은 문제의 인공위성이 달 주위를 다섯 바퀴 회전하면서 매회전마다 히드라진을 조금씩 태워 궤도를 계속 수정시킨다는 계획을 세웠다. 이 작전으로 여러 차례 충돌을 일으키는 데 성공했다. 그 성공은 3체 문제(지구·달·인공위성)에서 나타나는 카오스적 현상과 나비 효과를 한데 결합시킨 것이었다.

이와 똑같은 수학적 개념이 난류 속에서 자기(磁氣) 리본을 제어하는 과정에 이용되었다. 이 방법이 이후 잠수함이나 항공기를 지나는 난류를 제어하는 원형으로 이용되었다. 카오스 제어는 불규칙하게 박동하는 심장을 규칙적인 리듬으로 복귀시키는 데도 이용되었고, 이후 지능형 페이스메이커가 발명될 수 있는 길을 열어 주었다. 최근에는 이 방법이 뇌조직 내의 전기적 활동에서 리듬파형이 일어나지 않도록 막는 데 사용되어 간질 발작을 예방할 수 있는 가능성을 열어 주었다.

카오스는 무한한 가능성을 지니고 있는 성장 산업이다. 카오스 현상에 내재한 수학에 관한 새로운 발견, 자연계에 대한 기존의 이해에 카오스를 새롭게 적용시키려는 노력들, 그리고 카오스의 새로운 기술적 응용 사례에 대한 소식을 매주 접할 수 있다. 그중에는 2개의 팔이 카오스적으로 회전해서 적은 에너지로 더 깨끗하게 접시를 닦을 수 있는 일본의 발명품인 카오스 접시 세척기, 그리고 스프링 제작에서 품질 관리를 향상시키기 위해 카오스 이론을 응용한 데이터 분석법을 사용하는 영국의 공작 기계도 있다.

그러나 아직도 숱한 과제가 산적해 있다. 카오스에 관해 최종적으로 풀리지 않은 문제는 양자라는 불가사의한 세계일 것이다. 그 세계를 통치하는 사람은 '레이디 럭'(Lady Luck, 확률을 의인화시킨 것임—옮긴이)이다. 방사성 원자는 '임의적으로' 붕괴한다. 그 현상이 가진 규칙성이란 오직 통계적인 의미에서뿐이다. 충분한 양의 방사성 원자는 뚜렷한 반감기(半減期)를 가진다. 반감기란 절반에 해당하는 원자가 붕괴하는 기간을 뜻한다. 그러나 우리는 전체 원자들 중에서 어느 쪽 절반이 붕괴할지는 예측하지 못한다. 앞에서 언급했듯이 알베르트 아인슈타인이 이의를 제기한 것이 바로 이 의문에 대한 것이다. 붕괴하지 않을 절반과 붕괴할 절반 사이에 실제로 아무런 차이도 없는 것일까? 그렇다면 그 원자는 붕괴할지 말지를 '어떻게 아는' 것일까?

양자 역학의 외면상의 임의성이 거짓일 가능성은 없을까? 그것이 진정한 의미에서의 결정론적 카오스이지는 않을까? 원자 하나를 우주라는 유체 속에서 진동하는 작은 물방울이라고 생각해 보자. 방사성 원자는 매우 활력적으로 진동한다. 그리고 그 과정에서 상대적으로 크기가 작은 물방울들로 나뉠——즉 붕괴할—— 수 있다. 이 진동은 너무 빨라서 하나하나 정확하게 측정할 수 없다. 우리는 단지 에너지 준위와 같은 평균적인 양만을 측정할 수 있을 뿐이다. 이제 고전 역학은 실제 유체의 한 방울이 카오스적으로 진동한다고 말해 준다. 그 운동은 결정론적이지만 예측할 수 없다. 때때로 '임의적으로' 그 진동이 작은 물방울을 분리시켜 내기도 한다. 그러나 나비 효과 때문에 그 물방울이 정확히 언제 흐름에서 분리되는지 예측할 수 없다. 그러나 그 사건은 분명한 반감기와 같은 매우 정확한 통계학적 특성들을 갖는다.

겉보기에 임의적인 것처럼 보이는 방사성 원자의 붕괴도 규모만 미시적으로 축소되었을 뿐 그와 유사한 것일까? 그렇다면 본질적으로 통계적 규칙성이 존재하는 이유는 무엇일까? 그 규칙성이 그 속에 내재하는 결정론을 따르는 것일까? 그 밖에 '다른 곳에서' 통계적 규칙성이 올 수 있을까? 불행하게도 아직 이런 매혹적인 개념들이 실제로 작용할 수 있게 만든 사람은 아무도 없다. 물론 그 개념이 최근 들어 학자들 사이에서 유행하고 있는 초끈 이론(theory of superstring)의 기본 정신과 비슷하지만 말이다. 초끈 이론에서는 소립자를 진동하는 다차원 고리의 일종으로 생각한다. 둘 사이의 주된 유사성은 진동하는 고리와 진동하는 물방울이 모두 그동안 받아들여지던 물리적 상에 새로운 '내부 변수(internal variables)'를 도입시킨다는 점이다. 그리고 두드러진 차이는 이 두 가지 접근법이 양자적 불확정성의 문제를 다루는 방식에서 나타난다. 초끈 이론은 종래의 양자역학과 마찬가지로 이 불확정성을 순전히 임의적인 것으로 간주한다. 그러나 물방울과 같은 계의 경우, 일견 불확정적으로 보이는 것도 실제로는 결정론적이면서 동시에 카오스적인 동역학에 의해 발생하는 것으로 생각된다. 만약 우리가 그런 양자적 불확정성을 만들어내는 방법을 알 수 있다면, 초끈 이론의 유리한 특성들을 가지면서 동시에 내부 변수가 카오스적으로 움직이게 하는 구조를 새롭게 만들 수 있을 것이다. 그런 구조라면 신이 굴리는 주사위를 결정론적으로 만들어, 아인슈타인이 만족스러운 미소를 짓게 할 수 있을 것이다.

9
물방울, 동역학 그리고 데이지꽃

카오스는 우리에게 단순한 규칙에 따르는 계가 놀랄 만큼 복잡한 방식으로 움직일 수 있음을 가르쳐 준다. 여기에는 모든 사람들—회사가 철저하게 통제되고 자동적으로 운영되는 모습을 상상하는 기업 경영자, 어떤 사회적 문제에 대한 법률을 제정하는 것만으로 그 문제가 자연적으로 해결되기를 바라는 정치가들, 그리고 어떤 계(系)를 모형으로 만들면 그들의 작업이 모두 끝난다고 상상하는 과학자들이 거기에 포함된다.—이 새겨 들을 만한 매우 중요한 교훈들이 들어 있다. 그러나 세계는 완전한 카오스 상태가 아니다. 만약 그렇다면 우리는 그 속에서 살아남을 수 없었을 것이다. 실제로 카오스라는 현상이 좀 더 일찍 발견되지 못한 이유 중 하나는 우리 세계가 여러 면에서 단순하기 때문이다. 우리가 거죽을 들추고 그 아래쪽을 들여다보려고 하면 그 단순성은 눈앞에서 사라지곤 한다. 그러나 단순성은 여전히 세계의 표면에 존재한다. 우리가 언어를 통해 세계를 기술하는 것은 그 밑에 내재하는 단순성에 토대를 두고 있다. 일례로 '여우가 토끼를 뒤쫓는다.'라는 말은 동물들 사이의 상호 작용의 일반적인 패턴을 획득할 수 있다는 측면에서만 의미를 갖는다. 다시 말해서 '여우가 토끼를 쫓는다.'는 말은 배고픈 여우가 토끼를 발견하고 잡아먹기 위해 쫓아간다는 의미이다.

그러나 그 세부적인 사실들을 살펴보기 시작하면, 그것들은 너무 복잡해져서 단순성을 상실하게 된다. 예를 들어 이 간단한 행동을 하기 위해서 여우는 토끼를 토끼로 인식할 수 있어야 한다. 그런 다음, 여우는 다리를 원활하게 움직여서 토끼를 뒤쫓아야 한다. 이런 행동을 제대로 파악하려면 우리는 시각(視覺), 토끼의 뇌 속에서 일어나는 패턴 인식, 그리고 보행(步行) 운동 등에 대해 이해해야 한다. 7장에서 이미 우리는 세 번째 주제인 보행에 대해 살펴보았다. 그리고 보행이라는 행동에 생리학과 신경학의 복잡한 상호 작용——뼈, 근육, 신경 그리고 뇌 사이의——이 개입된다는 것을 알았다. 다시 근육의 움직임은 세포의 생물학과 화학에 기초를 두고 있다. 그리고 화학은 양자역학을 기초로 하며, 양자역학은 많은 과학자들이 추구해 온 '만물의 이론(Theory of Everything)'을 기반으로 한다. 만물의 이론이란 모든 물리 법칙들이 하나의 단일한 법칙으로 통일되는 꿈의 이론을 말한다. 만약 보행 대신 시각이나 패턴 인식으로 열린 경로를 따라간다 해도, 우리는 다시 끝없이 가지를 쳐 나가는 복잡성을 발견하게 될 것이다. 우리가 처음에 출발한 단순성에 머물지 않고 이런 식으로 계속 토대를 파헤쳐 나간다면 끝이 없을 것이다. 따라서 자연은 인과 관계라는 사슬의 엄청난 복잡성을 활용하든가, 그렇지 않으면 모든 것을 미리 설정해서 대부분의 복잡성이 문제가 되지 않도록 한다. 극히 최근에 이르기까지 과학에서 이용된 연구의 자연적인 경로는 복잡성이라는 나무 속으로 계속 깊이 파고들어 갔다. 잭 코언과 나는 그러한 과정을 '환원주의자의 악몽(reductionist nightmare)'● 이라고 불렀다. 우리 과학자들은 환원주의를 따라가는 과정에서 자연에 대해 많은 것을 배웠다. 특히 우리의 실용적인 목적을 위해 자연을 어떻게 조

● 『카오스의 붕괴』를 참조하라.

작할 수 있는지를 알게 되었다. 그러나 동시에 그 과정에서 많은 것을 잃기도 했다. 환원주의적으로 모든 것을 분해하고 파헤치면서 더 이상 자연을 단순한 무엇으로 생각하지 않는 습관이 몸에 배었기 때문이었다. 그러나 최근 들어 종전까지의 방법과는 근본적으로 다른 접근 방법이 등장했다. 그것은 바로 '복잡성 이론(complexity theory)'이다. 복잡성 이론의 중심 개념은 무수한 구성 부분들의 상호 작용에서 대규모적인 단순성이 창발(創發, emerge)된다는 것이다.

이 장에서 나는 여러분에게 복잡성에서 창발되는 단순성의 세 가지 예를 보여 주고자 한다. 그렇지만 복잡성 이론가들의 저술에서 보기를 끌어내지는 않을 작정이다. 그 대신 나는 현대 응용 수학의 주류인 동역학적 계 이론에서 몇 가지 예를 들겠다. 거기에는 두 가지 이유가 있다. 하나는 복잡성 이론의 중심 철학이 그것을 발전시키려는 특정한 학파와는 별도로 모든 과학 분야에서 나타나고 있음을 보여 주기 위해서이다. 거기에는 폭발하기 직전의 조용한 혁명이 진행되고 있다. 이미 그 거품이 표면으로 나와 터지기 시작하고 있다. 다른 한 가지 이유는 그 이론의 일부가 자연계 속에 들어 있는 수학적 패턴에 관한 해묵은 수수께끼를 해결해 주기 — 그리고 그 과정에서 우리가 (그렇지 않았다면) 제대로 식별하지 못했을 자연의 특성들에 대해 눈뜨게 만들어 주기 — 때문이다. 세 가지 주제는 물방울의 형태, 동물 집단의 동역학적 움직임 그리고 식물의 꽃잎과 연관된 기이한 수비학적 패턴이다. 나는 앞에서 그 주제에 대한 해답을 밝히겠노라고 약속했다.

우선 수도꼭지에서 천천히 떨어지는 물방울의 문제로 돌아가자. 이처럼 단순하고 지극히 일상적인 현상이 이미 우리에게 카오스에 대해 많은 것을 가르쳐 주었다. 그 단순한 현상이 우리에게 복잡성에 대해서도 무언가를 가르쳐 줄 것이다. 그런데 이번에는 연속적으로 떨어지는 물방울의 시간 간격에 초점을 맞추는 대신 물방울이 수도꼭지 끝에서 떨어질 때 취하는 형태를 중심적으로 살펴볼 것이다.

그 문제라면 분명하지 않을까? 그것은 마치 올챙이와 비슷한 고전적인 '눈물방울' 형상을 할 것이다. 다시 말해서 머리 부분이 둥그렇고 차츰 곡선을 이루다가 꼬리 쪽이 뾰족해지는 만화에서 보는 눈물과 비슷할 것이다. 우리가 그 형태를 눈물방울이라고 부르는 것도 바로 그 때문이다.

그러나 과연 그렇다고 자신 있게 이야기할 수가 있을까? 실제로는 그렇지 않다.

이 문제에 대해 처음 들었을 때 나는 그 답이 이미 오래전에 발견되었다는 사실을 깨닫고 깜짝 놀랐다. 문자 그대로 수 킬로미터나 되는 기다란 도서관의 서가가 유체의 흐름에 관한 과학적 연구서들로 가득 차 있다. 그렇다면 누군가는 물방울의 형태를 관찰하기 위해 노력을 기울이지 않았을까? 그러나 초기 문헌들 중에서는 거의 1세기 전에 물리학자인 레일리 경이 그린 그림밖에 제대로 된 것을 찾을 수 없다. 더구나 그 그림은 너무 작아서 사람들의 눈에 잘 띄지도 않을 지경이다. 1990년에 브리스틀 대학교의 수학자인 하웰 페레그린(Howell Peregrine)과 그의 동료들이 물방울이 떨어지는 과정을 사진으로 촬영했고, 그 결과 그동안 생각했던 것보다 훨씬 더 복잡하다는―그러나 다른 한편으로는 훨씬 더 흥미롭다는―사실을 발견했다.

수도꼭지에서 물방울이 떨어지는 과정은 꼭지 끝에 나와 있는 물의 표면에서 물방울이 부풀어 나오는 데서 시작된다. 그런 다음, 허리 부분이 점차 잘록해지고 길어지면서 물방울의 아래쪽은 고전적인 눈물방울 형상을 띠게 된다. 그러나 짧고 길쭉한 꼬리를 형성하지 않고 허리 부분이 가느다란 원통형으로 길게 늘어나면서 그 끝에 둥근 물방울이 매달린다. 그리고 길쭉한 허리 부분은 점차 가늘어져서 둥근 물방울과 만나는 지점에서 뾰족해진다. 이

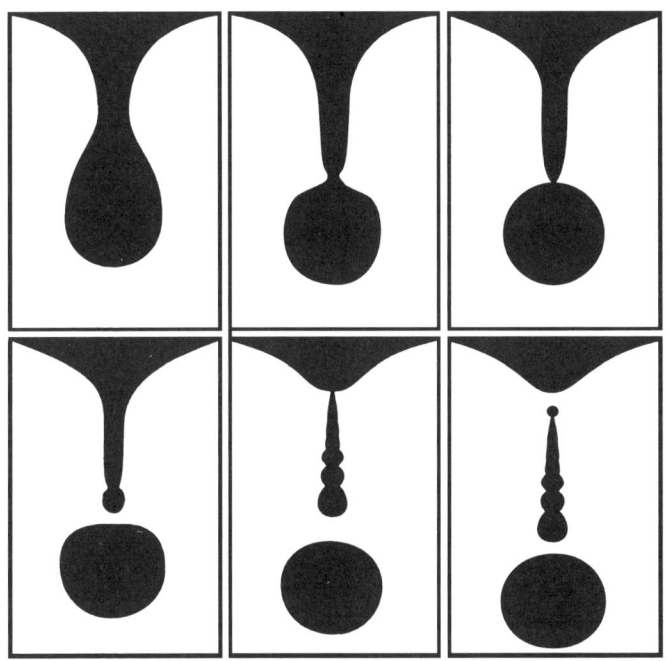

그림 4
물방울이 수도꼭지에서 분리되어 떨어지는 여러 단계의 형상.

단계에서 전체적인 형태는 오렌지 위에 올려놓은 뜨개질바늘의 모습이다. 그런 다음 오렌지가 점차 뜨개질바늘에서 떨어져 나오기 시작하고, 아래로 떨어지면서 미약하게 진동한다. 그러나 여기까지의 과정은 전체의 절반에 불과하다. 이제 바늘의 날카로운 끝은 다시 둥글게 변하고, 바늘의 뿌리 쪽으로 작은 파동이 일면서 줄에 꿴 여러 개의 진주 모양으로 변하고, 진주의 크기는 점차 작아진다. 그리고 결국 바늘의 위쪽 끝에 해당하는 부분은 점차 좁아져 뾰족해진다. 그리고 바늘도 꼭지에서 떨어져 나온다. 그 부분이 떨어지면서 날카로운 위쪽 끝과 둥근 아래쪽 사이에서 일련의 복잡한 파동이 훑고 지나간다 그림 4.

여러분이 이 과정을 지켜보면서 나처럼 놀라움을 느끼기를 바란다. 나는 이전까지 하나의 물방울이 떨어지는 과정이 이처럼 복잡할 줄은 상상도 하지 못했다.

이 관찰은 이전까지 아무도 이 문제를 수학적으로 엄밀하게 연구하지 못한 이유를 분명히 해 준다. 수학적으로 해명하기는 너무도 힘들기 때문이다. 물방울이 수도꼭지에서 떨어져 나올 때, 바로 거기에 문제의 특이점이 있다. 그것은 수학이 해명하기 힘든 지점이다. 그 특이점은 '바늘'의 끝이다. 그러나 거기에 특이점이 존재하는 이유는 무엇인가? 왜 물방울은 그처럼 복잡한 방식으로 떨어지는 것일까? 1994년에 J. 에거스(J. Eggers)와 T. F. 뒤퐁(T. F. Dupont)은 이 시나리오가 유체 운동 방정식의 결과임을 증명했다. 그들은 컴퓨터상에서 그 방정식들을 모의실험하고 페레그린의 시나리오를 똑같이 재현했다.

그것은 매우 뛰어난 연구였다. 그러나 몇 가지 측면에서 내 의문에 대한 분명한 해답을 제공하지 못했다. 그 모의실험은 유체의 흐름을 다루는 방정식들이 정확한 시나리오를 예견한다는 것을 다시 한번 확인시켜 주었다. 그러나 왜 그런 시나리오가 발생하는가라는 문제 자체를 이해하는 데는 도움이 되지 않았다. 자연의 수를 계산하는 것과 여러분이 스스로 사고하면서 그 답을 찾아내는 것 사이에는 큰 차이가 있다.

분리되는 물방울의 역학에 대한 통찰은 시카고 대학교의 X. D. 샤이(X. D. Shi), 마이클 브레너(Michael Brenner), 그리고 시드니 네이절(Sidney Nagel)의 연구를 통해 더욱 진전되었다. 이 이야기의 주요한 특성은 이미 페레그린의 연구 속에 들어 있었다. 그것은 '상사해(相似解, similarity solution)'라 불리는 유체의 흐름에 관한 특수한 종류의 풀이이다. 이런 풀이는 수학적으로 다룰 수 있는 특정 종류의 대칭을 갖는다. 그 풀이는 짧은 시간 간격이 지나면 점점 더 작은 크기로 스스로의 구조를 반복한다. 샤이의 연구진은 이 개념을 한층 더 진전시켜 수도꼭지에서 떨어지는 물방울의 형태가 액체가 흐르는 속도에 따라 어떻게 달라지는가를 물었다. 그들은 물과 글리세린을 섞어 여러 가지 점성도(粘性度)의 혼합물을 만들어서 실험했다. 또한 그들은 컴퓨터 모의실험을 수행하고, 상사해를 통해 이론적 접근을 시도했다. 실험 결과, 그들은 액체의 점성도가 높아지면 특이점이 형성되고 물방울이 분리되기 전에 길쭉한 두 번째 뜨개질바늘이 생겨난다는 사실을 발견했다. 즉 뜨개질바늘 끝에서 기다란 줄이 나오고 거기에 둥근 오렌지가 매달리는 모습이다. 점성도가 더 높아지면 세 번째 좁다란 뜨개질바늘이 생겨났다. 다시 말해 뜨개질바늘 끝에서 나온 기다란 줄에서 다시 무명실처럼 더 가느다란 실이 나오고 거기에 오렌지가 매달리는 식이다. 계속 점성도가 높아지면 계속 가느다란 실이 무한히——물질을 구성하는 원자 구조로 인한 한계를 무시한다면——증가하게 된다.

놀라운 일이다!

두 번째 예는 집단 동역학(population dynamics)에 관한 것이다. 그런 용어를 사용한 것은 상호 작용하는 생물 집단의 변화를 미분 방정식으로 표현하는 오랜 수학적 모형화 전통 때문이다. 앞에서 내가 사용했던 돼지/송로버섯으로 이루어진 계가 그 보기이다. 그러나 이런 모형에는——내가 특정 생물을 선택했다는 문제뿐 아니라——생물학적 사실주의가 결여되어 있다는 문제가 있다. 실제 세계에는 뉴턴의 운동 법칙과 비슷한 '집단의 법칙'이 그 집단의 크기를 결정하는 메커니즘으로 작용하지 않는다. 그밖에도 온갖 종류의 영향들이 있다. 예를 들자면 임의적인 것(돼지가 송로버섯을 찾아낼 수 있을까, 아니면 바위가 둘 사이를 가로막고 있을까?)에서 방정식에 포함되지 않은 유형의 변수들(일부 돼지들이 늘 다른 돼지들보다 더 많은 새끼를 낳는 등)까지 다양하다.

1994년에 워윅 대학교의 잭키 맥글레이드(Jacquie McGlade), 데이비드 랜드(David Rand), 그리고 하워드 윌슨(Howard Wilson)은 생물학적 측면에서 좀 더 실제적인 모형들과 전통적인 방정식 사이의 관계를 다룬 매력적인 연구를 수행했다. 그 연구는 전략적인 면에서는 복잡성 이론을 따랐다. 많은 숫자의 '에이전트(agent, 대리자)'들이 생물학적으로 있음직한(물론 대폭 단순화된 것이지만) 규칙들에 따라 상호 작용하는 컴퓨터 모의실험을 설정하고, 그 모의실험의 결과에서 대규모적인 패턴들을 추출하려고 시도한 것이다.

이 경우에 모의실험은 '셀룰러 오토마톤(cellular automaton)'에 의해 이루어졌다. 셀룰러 오토마톤이란 일종의 수학적 컴퓨터 게임이라고 생각하면 된다. 맥글레이드, 랜드 그리고 윌슨은 나와는 달리 돼지를 선호하지 않았기 때문에 전통적인 여우와 토끼를 사용했다. 컴퓨터 화면은 사각형의 격자로 나뉘어졌고, 각각의 사각형에는 색깔이 지정되었다. 가령 여우는 붉은색, 토끼는 회색, 풀밭은 녹색, 바위는 검은색이었다. 그리고 실제로 작용하는 중요한 생물학적 영향을 모형화하기 위해서 일련의 규칙들로 이루어진 계가 만들어졌다. 그런 규칙들의 보기를 들자면 다음과 같다.

- 토끼 옆에 풀밭이 있으면, 토끼는 풀밭의 위치로 이동해서 풀을 뜯어먹는다.
- 여우 옆에 토끼가 있으면 여우는 토끼의 위치로 이동해서 토끼를 잡아먹는다.
- 게임의 매 단계에서 토끼는 채택된 확률에 따라 새끼 토끼들을 낳는다.
- 특정 횟수만큼 이동하기까지 토끼를 잡아먹지 못한 여우는 죽는다.

맥글레이드의 연구진은 이보다 훨씬 복잡한 게임을 수행했다. 그러나 이 정도 규칙으로도 여러분은 그것이 어떤 게임인지 상상할 수 있을 것이다. 게임은 토끼, 여우, 풀밭, 바위라는 현재의 구성을 취한다. 그리고 다음 단계의 구성을 생성하기 위해서 규칙들을 적용한다. 임의적인 선택이 요구될 때에는 컴퓨터 '주사위'를 굴린다. 이 과정은 수천 단계로 진행된다. 이것은 컴퓨터 화면상에서 생물을 말로 사용해서 게임을 하는 '인공 생태계'인 셈이다. 이 인공 생태계는 동일한 규칙들을 반복적으로 적용시킨다는 점에서 동역학적 계와 비슷하다. 그러나 인공 생태계는 그 밖에 임의적인 영향들을 포함하고 있으며, 그런 요소들이 이 모형을 전혀 다른 수학적 범주로 만든다. 그것은 확률론적인 셀룰러 오토마톤이라는 범수, 즉 우연성을 포괄하는 컴퓨터 게임이다.

그 생태계가 인공적인 덕분에 여러분은 실제 생태계에서는 애초에 불가능하거나 너무 많은 비용이 들어가는 실험을 할 수 있다. 예를 들어 여러분은 특정 지역의 토끼 집단이 시간이 흐르면서 어떻게 변화하는지 직접 관찰할 수 있고, 그 정확한 숫자까지 알 수 있다. 맥글레이드의 연구진이 극적이고 놀라운 발견을 한 것은 바로 그 점이었다. 그들은 지나치게 작은 지역을 관찰할 경우 눈앞에 나타나는 모습이 대체로 임의적이라는 사실을 깨달았다. 예컨대 하나의 사각형에서 일어나는 일은 극도로 복잡하게 보인다. 반면 지나치게 넓은 지역을 관찰하면 여러분이 볼 수 있는 것은 평균적으로 산출한 집단의 통계뿐이다. 그러나 중간 단계의 규모에서는 훨씬 재미있는 사실을 발견할 수 있다. 그래서 그들은 흥미로운 정보를 가장 많이 제공해 주는 지역의 크기를 찾아내는 방법을 개발했다. 그런 다음 그들은 적정 크기의 지역을 관찰하고 토끼 집단의 크기 변화를 기록했다. 그들은 카오스 이론에서 개발된 이론을 사용해서 일련의 숫자들이 결정론적인지 아니면 임의적인지, 그리고 결정론적이라면 그 끌개는 어떤 모습일지에 대한 물음을 제기했다. 우리는 그 모의실험의 규칙들이 상당 부분 임의성을 기초로 세워졌다는 사실을 알고 있기 때문에, 그들이 어째서 그런 문제를 제기하는지 이상하게 생각할지도 모른다. 그러나 어쨌든 그들은 그런 물음을 던졌다.

그들의 발견은 매우 놀라운 것이었다. 그들이 대상으로 삼은 중간 규모의 토끼 집단의 동역학의 약 94퍼센트가 4차원 위상 공간 속의 카오스적 끌개에서 나타나는 결정론적 운동으로 설명될 수 있었다. 간단히 이야기하자면, 겨우 4개의 변수를 가진 미분 방정식이 토끼 집단의 동역학의 주요 특성들을 단지 6퍼센트의 오차로— 컴퓨터 게임 모형은 그보다 훨씬 복잡한 데도 불구하고— 포괄할 수 있다는 뜻이다. 이 발견은 작은 변수를 가진 모형들이 지금까지 대부분의 생물학자들이 추측했던 것보다 훨씬 더 '실제적'일 수 있음을 시사하고 있다. 그 발견에 숨겨진 더 깊은 의미는 간단한 대규모적인 특성들이 복잡한 생태 게임의 미세한 구조를 창발할 수 있으며, 실제로 그렇게 한다는 것이다.

'규칙들에 의해 고정적으로 결정'되었다기보다는 복잡성에서 창발된 자연의 수학적 규칙성의 세 번째이자 마지막 보기는 꽃잎의 숫자이다. 나는 1장에서 대부분의 식물들의 꽃잎 수가 3, 5, 8, 13, 21, 34, 55, 89라는 수열을 취한다고 말했다. 전통적인 생물학사들의 판점은 꽃의 유전자가 이와 같은 모든 정보를 구체적으로 결정하고, 유전자 속에 들어 있는 정보가 꽃의 모습으로 그대로 드러난다는 것이었다. 그러나 동물이 어떤 단백질로 신체를 구성해야 하는지 등을 결정하는 복잡한 DNA 서열을 가지고 있다고 해서 유전자가 모든 것을 결정한다는 뜻은 아니다. 설령 그렇다 하더라도 유전자는 간접적인 방식으로만 지시를 내릴 뿐이다. 예를 들어 유전자는 식물에게 엽록소를 생성하는 방법을 가르쳐 준다. 그러나 식물에게 엽록소의 색깔을 무엇으로 해야 하는지까지 지시하지는 않는다. 만약 엽록소가 있다면 그것은 당연히 녹색이다. 다른 선택은 없는 것이다. 따라서 생물 형태학의 일부 특성들은 유전에 의해 주어지지만, 다른 특성들은 물리학, 화학 그리고 성장이라는 동역학적 과정의 결과로 나타나는 것이다. 그 차이를 설명하는 한 가지 방법은 유전적 영향이 엄청나게 유연한 반면, 물리학, 화학, 그리고 동역학은 수학적 규칙성을 만들어 낸다는 점이다.

식물에서 나타나는 수는——꽃잎뿐 아니라 그밖의 모든 특성에서 나타나는 온갖 종류의 수를 포함해서——여러 가지 수학적 규칙성을 보여 준다. 그 규칙성들이 이른바 피보나치 수열(Fibonacci series)의 시초를 형성한다. 그 수열에서 세 번째수 부터는 앞선 두 수의 합과 같아진다. 그리고 피보나치 수열을 발견할 수 있는 유일한 예가 꽃잎인 것도 아니다. 해바라기를 관찰하면 작은 꽃(floret, 나중에 씨앗이 되는 작은 꽃들)들에서 나타나는 두드러진 패턴을 찾을 수 있다. 이 작은 꽃들은 서로 엇갈리는 2개의 나선 모양으로 배열되어 있다. 하나는 시계 방향으로 회전하고, 다른 하나는 시계 반대 방향으로 회전한다. 어떤 해바라기의 종에서는 시계 방향의 나선 수가 34개이고, 시계 반대 방향의 나선은 55개이다. 둘 다

피보나치 수열에서 연속적으로 나타나는 피보나치 수이다. 정확한 숫자는 해바라기 종에 따라 다르다. 그러나 '34와 55', '55와 89', '89와 144' 등의 숫자 쌍을 흔히 발견할 수 있다. 그리고 그 이상의 피보나치 수도 찾을 수 있다. 파인애플은 왼쪽으로 경사져 내려오는 8줄의 인편(다이아몬드 모양으로 생긴 무늬로 싹을 보호하는 구실을 한다.—옮긴이)과 오른쪽으로 비스듬히 내려오는 13줄의 인편을 갖는다.

1200년경에 레오나르도 피보나치(Leonardo Fibonacci)는 토끼 집단의 성장에 관한 문제를 풀기 위해 독자적인 급수를 발명했다. 그것은 방금 소개했던 '생명 게임' 모형만큼 실제적으로 토끼 집단의 동역학을 다룬 모형은 아니었다. 그러나 그런 종류로는 최초의 것이고, 수학자들이 피보나치 수열 자체를 아름답고 매력적인 무엇으로 생각하기 때문에 수학적인 모형으로는 상당히 흥미롭다. 이 장에서 제기되는 핵심적인 물음은 이런 것이다. 유전학이 어떤 꽃에 자신이 좋아하는 숫자의 꽃잎을 줄 수 있다면, 또는 파인애플에게 역시 자신이 선호하는 인편의 숫자를 줄 수 있다면, 우리가 도처에서 우세를 점하는 피보나치 수열을 발견하게 되는 이유는 과연 무엇일까?

그 답은 '문제의 숫자가 임의적인 유전 명령보다 수학적인 어떤 메커니즘에 의해 나타난다.'일 것이다. 그 메커니즘으로 가장 가능성이 높은 후보는 식물의 성장 과정에 작용하는 일종의 동역학적 제약일 것이다. 그리고 그 결과 자연스럽게 피보나치 수열이 나타나는 것이다. 물론 겉모습만 볼 때는 유전자가 모든 것을 결정한다는 식으로 속기 쉽다. 그렇지만 만약 유전자가 모든 것을 결정한다는 것이 사실이라면, 나는 피보나치 수열이 어떻게 DNA 암호 속에 들어가게 되었는지, 그리고 왜 하필이면 그 수열인지 이유를 묻고 싶다. 어쩌면 진화가 자연적으로 발생한 수학적 패턴과 함께 시작되어서 자연선택에 의해 그 패턴을 점차 미세하게 조절했을 수도 있다. 나는 호랑이의 줄무늬, 나비의 날개 무늬 등도 그런 과정을 거쳐 만들어진 것이 아닌가 하는 생각을 품는다. 만약 내 추측이 옳다면, 유전학자들이 그 패턴의 원인이 유전적이라고 확신하는 이유, 그리고 수학자들이 그 패턴을 수학적이라고 계속 주장하는 이유를 모두 설명할 수 있을 것이다.

식물에서 나타나는 나뭇잎이나 꽃잎의 배열과 그 유사성을 다룬 문헌들은 엄청나리만치 방대하다. 그러나 초기의 접근 방식들은 순수한 기술(記述)에 머물렀다. 그들은 왜 그런 숫자가 식물의 성장과 연관되는지 설명하지 않았고, 단지 그 배열의 기하학을 분류했을 뿐이다. 지금까지 이루어진 가장 극적인 통찰은 프랑스의 수리물리학자 스테판 두아디(Stéphane Douady)와 이브 쿠데르(Yves Couder)의 극히 최근 연구 결과에서 찾아볼 수 있다. 그들은 나뭇잎과 꽃잎의 숫자가 피보나치 패턴을 따른다는 것을 증명하기 위해 식물 성장의 동역학 이론을 고안했고, 컴퓨터 모형과 실험실 내에서의 실험을 이용했다.

그 실험의 기본 개념은 오래된 것이었다. 자라나는 식물의 새로 나온 가지 끝을 관찰하면 그 식물의 모든 특성이—나뭇잎, 꽃잎, 꽃받침, 작은 꽃 등등—나타나는 어떤 부분을 찾아낼 수 있을 것이다. 가지 끝의 중심에는 아무런 특성도 없는 원 모양의 조직이 있다. 그 부분을 정점(頂点, apex)이라고 부른다. 정점 주위에서 원시 세포(primordium)라 불리는 작은 덩어리들이 하나씩 형성된다. 그런 다음 각각의 원시 세포들은 정점 근처를 벗어나고—좀 더 정확하게 이야기하자면 정점이 성장하면서 원시 세포의 덩어리들이 뒤로 처지게 되는 것이다.—그 덩어리들이 잎, 꽃잎 등으로 발전하게 된다. 게다가 이런 특성들의 일반적인 배열은 초기의 원시 세포 형태에서부터 결정된다. 따라서 여러분은 기본적으로 왜 나선 형태가 나타나는지, 그리고 원시 세포에서 왜 피보나치 수열이 나타나는지를 설명해야 한다.

첫 단계는 우리 눈에 가장 두드러지게 보이는 나선이 실제로는 근본적인 패턴이 아니라는 사실을 깨닫는 것이다. 가장 중요한 나선은 원시 세포를 외형상의 순서로 간주하는 데서 생겨난다. 먼저 나타난 원시 세포는 멀리 이동하고, 따라서 여러분은 정점에서 떨어진 거리로 외형의 순서를 추론할 수 있다. 이때 여러분은 연속적인 원시 세포들이 생식 나선(generative spiral)이라 불리는 촘촘하게 감긴 나선을 따라 성기게 늘어선 것을 발견하게 된다. 사람의 눈에 피보나치 나선이 두드러져 보이는 것은 그 나선이 거의 비슷한 간격을 두고 떨어져 있는 것처럼 보이는 원시 세포들로 형성되기 때문이다. 그러나 실제로 중요한 것은 시간상의 순서이다.

가장 중요한 양적 특성은 연속적인 원시 세포 사이의 각도이다. 줄지어 있는 원시 세포의 중심에서 정점까지 줄을 긋고 둘 사이의 각도를 측정한다고 생각해 보자. 그 각도는 모두 놀랄 만큼 똑같다. 여기에서 얻어지는 공통적인 각도를 발산각(divergence angle)이라고 한다. 다시 말해서 원시 세포들은 생식 나선을 따라 같은 간격으로—각도의 측면에서—배열해 있다는 뜻이다. 게다가 발산각은 일반적으로 거의 137.5도에 가깝다. 이 사실을 처음 강조한 사람은 프랑스의 결정(結晶)학자인 오귀스트 브라베(Auguste Bravais)와 루이 브라베(Louis Bravais) 형제이다. 그 수가 왜 중요한지 그 이유를 살펴보기 위해서 피보나치 수열에 들어 있는 두 연속적인 수인 34와 55를 예로 들어 보자. 두 수로 분수 34/55를 만들어서 거기에 360도를 곱하면 222.5도를 얻을 수 있다. 이 각도는 180도보다 크기 때문에 원의 반대쪽 각도를 재야 한다. 또는 360도에서 222.5도를 빼도 마찬가지이다. 그 결과는 137.5도로 브라베 형제가 얻은 각도와 정확히 일치한다.

연속되는 피보나치 수의 비율은 점점 더 0.618034에 가까워진다. 예를 들면 34/55=0.6182이다. 이 정도로도 이미 상당히 근접해 있다. 극한값은 정확히 $(\sqrt{5}-1)/2$이다. 그리고 이 수는 황금수(golden number)라 불리며, 흔히 그리스 문자 파이(ϕ)로 표시된다. 자연은 수학자 탐정들에게 약간의 단서를 남겨주었다. 그 단서는 연속된 원시 세포 사이의 각도가 $360(1-\phi)$도 =137.5도, 즉 '황금각(golden angle)'이라는 사실이다. 1907년에 G. 반 이터손(G. van Iterson)은 이 단서를 좇아 촘촘하게 감긴 나선 위에 137.5도 각도로 벌어진 연속적인 점들을 찍었을 때 어떤 일이 나타나는지 알

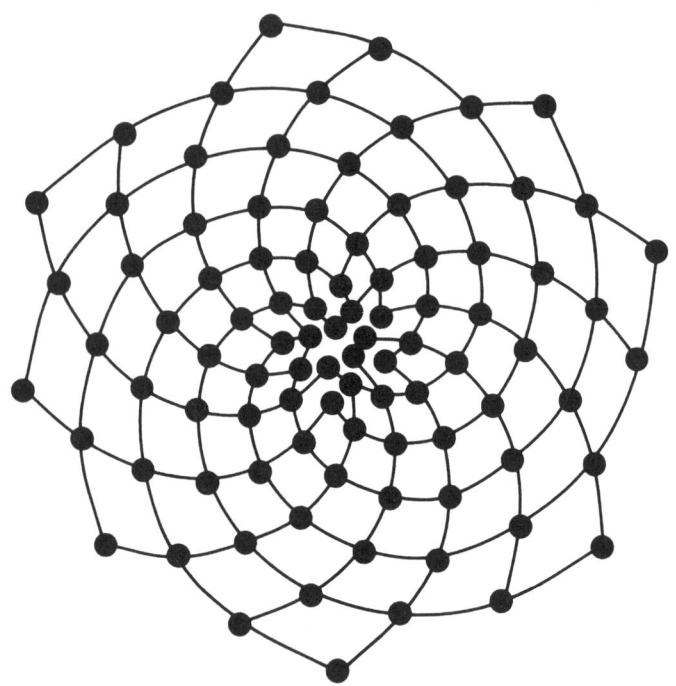

그림 5
연속적인 점들은 촘촘하게 감겨진 나선(그림에는 표시되지 않았다.) 방향으로 137.5도로 배열되어 있다. 이 점들은 자연적으로 우리 눈에 확연히 드러나는, 두 개의 완만한 나선 집단을 형성한다. 그림에서는 한쪽 방향으로 8개의 나선, 반대 방향으로 13개의 나선 — 연속되는 피보나치 수 — 이 나타나 있다.

아보았다. 이웃하는 점들을 연속적으로 인식하는 습관 때문에 사람 눈은 서로 엇갈리는 두 나선 —하나는 시계 방향으로, 다른 하나는 시계 반대 방향으로 감긴—을 찾아내게 된다. 그리고 피보나치 수열과 황금수의 관계 때문에 두 종류에 해당하는 나선의 수는 연속하는 피보나치 수가 된다. 피보나치 수 중에서 어떤 수가 결정되는가는 나선이 얼마나 촘촘하게 감겼는가에 달려 있다. 그렇다면 그 사실이 어떻게 꽃잎 수를 설명할 수 있을까? 기본적으로 여러분은 같은 방향에 속하는 한 나선의 바깥쪽 가장자리에 꽃잎을 하나 놓을 수 있다 그림 5.

아무튼 결국은 연속적인 원시 세포들이 왜 황금각에 의해 발산하는지 그 이유를 설명하게 된다. 그리고 나머지 사실들도 함께 설명할 수 있다.

두아디와 쿠데르는 황금각의 동역학적 설명을 발견했다. 그들은 1979년에 이루어진 H. 보겔(H. Vogel)의 중요한 통찰을 기초로 자신들의 개념을 수립했다. 그런데 그의 이론 역시 사실의 기술에 머물렀다. 다시 말해서 그 배열을 일으키는 동역학에 대한 설명이라기보다는 배열 자체의 기하학에 초점을 맞추고 있었다. 그는 수적 실험을 수행했고, 그 결과는 연속적인 원시 세포들이 황금각에 의거한 생식 나선을 따라 위치할 때 가장 효율적인 배열을 갖게 된다는 사실을 강력하게 시사했다. 예를 들어 황금각 대신 여러분이 360도를 정확히 90도로 발산시켰다고 가정해 보자. 그러면 연속되는 원시 세포들은 십자가를 그리는 4개의 방사상(放射狀) 선으로 배열하게 될 것이다. 만약 여러분이 실제로 360도의 유리수의 배수에 해당하는 각도를 발산각으로 사용할 경우, 여러분은 항상 방사상 선 배열을 얻게 된다. 따라서 그 선들 사이에는 간격이 나타나게 되고, 원시 세포들은 효율적으로 밀집하지 못하게 된다. 결론은, 공간을 효율적으로 채우기 위해서는 360도의 무리수 배수(즉 정확한 분수가 아닌 배수)에 해당하는 발산각이 필요하다. 그렇지만 어떤 무리수인가? 수는 무리수이거나 무리수가 아니거나 둘 중 하나다. 그러나——조지 오웰(George Orwell)의 『동물 농장(Animal Farm)』에서 통용되는 평등처럼——일부 무리수는 다른 무리수보다 특별한 위치를 갖는다. 수론을 연구하는 학자들은 이미 오래전부터 최고의 무리수는 황금수라는 사실을 알고 있었다. 황금수는 유리수에 '대단히 가까우며', 만약 여러분이 얼마나 가까운지를 측정한다면 거의 차이가 없을 정도라는 것을 알 수 있을 것이다. 그것은 우리의 논의를 다시 처음으로 돌려놓는다. 그러니까 황금

발산각은 원시 세포들을 가능한 한 가깝게 밀집시켜야 한다는 것이다. 보겔의 컴퓨터 실험 결과는 이 예상을 확인시켜 주었지만, 충분히 논리적으로 엄밀하게 증명한 것은 아니다.

두아디와 쿠데르의 가장 괄목할 만한 업적은 황금각을 효율적인 밀집의 기초로 직접 가정하는 식이 아니라 간단한 동역학의 결과로 얻어냈다는 점이다. 그들은 어떤 종류의 연속적인 요소들이 — 원시 세포를 나타내는 — 작은 원(정점을 의미한다.)의 가장자리 어딘가에 똑같은 시간 간격을 만들어 내며, 이 요소들이 특정한 초기 속도에서 방사상으로 이동한다고 생각했다. 그리고 그들은 그 요소들이 마치 같은 전기를 띤 전하나 같은 극성(極性)을 가진 자석처럼 서로를 밀어낼 것이라고 생각했다. 이 사실은 방사상 운동이 계속되고 직전의 운동에서 기능한 한 새로운 요소가 나타난다는 사실을 보증한다. 이러한 계가 보겔의 효율적인 밀집을 위한 기준을 만족시킬 가능성은 매우 높다. 따라서 여러분은 황금각이 저절로 나타날 것이라고 예상할 것이다. 그리고 실제로도 그렇다.

두아디와 쿠데르는 식물이 아니라 수직 자기장 속에 실리콘으로 가득 찬 둥근 접시를 넣는 방식으로 실험했다. 그들은 자성을 띤 액체의 작은 방울을 접시 중심에 일정한 간격으로 떨어뜨렸다.

그 물방울은 자기장에 의해 극성을 띠게 되어 서로를 밀어냈다. 그리고 접시 중심보다는 가장자리에 더 강한 자기장을 형성시켜서 방사상 방향으로 추진력을 주었다. 이때 나타나는 패턴은 물방울이 떨어지는 간격에 따라 달라진다. 그러나 가장 흔하게 나타나는 패턴은 물방울이 거의 황금각에 가까운 발산각으로 나선 위에 놓여 있는 것이었다. 그러니까 섞어 짜여진 해바라기 씨앗과 같은 패턴인 셈이다. 두아디와 쿠데르는 컴퓨터 계산을 통해서도 비슷한 결과를 얻었다. 두 가지 방법을 통해 그들은 발산각이, 파동치는 곡선의 복잡한 발산 곡선을 따라 나타나는 물방울 사이의 간격에 의해 결정된다는 사실을 알아냈다. 이때 연속하는 파동(wiggle) 사이의 곡선의 마디는 각각 나선 숫자의 특정한 쌍에 해당한다. 중심까지는 거의 137.5도의 발산각에 가깝다. 여러분은 그 가지를 따라 연속하는 피보나치 수열의 가능한 모든 쌍을 발견하게 될 것이다. 가지 사이의 공백은 '분기(bifurcation)'를 나타낸다. 그곳에서 동역학이 중요한 변화를 일으키게 된다.

물론 이 모형처럼 식물학이 완전히 수학적인 학문이라고 주장할 사람은 아무도 없다. 특히 식물의 종류에 따라 원시 세포가 나타날 비율은 빨라질 수도 느려질 수도 있다. 실제로 예를 들어 특정 원시 세포가 잎이 되는가, 꽃잎이 되는가와 같은 형태적인 변화는 흔히 이런 변수들을 수반한다. 따라서 어쩌면 유전자가 하는 역할은 원시 세포가 나타나는 시기에 영향을 미치는 것일지도 모른다. 그러나 식물의 입장에서 볼 때 굳이 유전자가 원시 세포의 간격을 어느 정도 떼어야 하는지 알려줄 필요는 없다. 그것은 물리학과 유전학의 협력의 결과이며, 여러분은 두 가지 측면에서 어떤 일이 일어나는지를 모두 이해해야 한다.

지금까지 서로 다른 과학 분야의 세 가지 예를 들었다. 각각의 예는 저마다 진상을 밝히는 새로운 사실들이다. 각각은 자연의 수—자연적인 형태에서 발견될 수 있는 가장 심오한 수학적 규칙성—의 기원에 대한 연구이기도 하다. 그리고 거기에는 그들 속에 숨어 있는 공통의 끈, 즉 훨씬 더 심오한 메시지가 들어 있다. 자연은 복잡하다는 것이 아니다. 아니, 자연은 그 자체의 교묘한 방식으로 지극히 단순하다. 그러나 그 단순성은 저절로 우리 앞에 드러나지 않는다. 그 대신 자연은 그 수수께끼를 풀려는 수학자 탐정들에게 여러 가지 단서를 남긴다. 이것은 흥미진진한 게임이다. 여러분이 셜록 홈스라면 그 게임에 참가하고 싶은 유혹을 떨치기 어려울 것이다.

맺음말

**형 태
수 학**

나는 또 다른의 꿈을 꾸었다.

내가 꾼 첫 꿈인 가상 비현실 장치는 기술의 작은 조각에 불과하다. 그 장치는 수학적 추상을 시각화시켜 여러분이 그런 추상들에 대해 새로운 직관을 발전시킬 수 있도록 도와줄 것이다. 그리고 수학적 탐구에서 차지하는 지루한 부기 작업을 과감하게 무시하도록 부추길 것이다. 그렇지만 그 장치가 가져다주는 무엇보다 큰 이점은 수학자들이 자신들의 정신적 풍경을 좀 더 쉽게 탐구하게 해 준다는 사실일 것이다. 그러나 때로는 수학자들이 그 풍경 주위를 어슬렁거리다가 전혀 새로운 풍경의 일부를 창조하는 일도 있기 때문에, 가상 비현실 장치는 창조적인 역할을 하기도 한다. 실제로 그리 멀지 않은 장래에 그런 장치가—또는 그와 비슷한 장치가—등장하게 될 것이다.

나는 내 두 번째 꿈을 '형태 수학(morphomatics, 형태학을 뜻하는 morphology와 mathematics의 합성어—옮긴이)'이라고 부른다. 그것은 기술이 아니라 사고 방식에 대한 꿈이다. 그 창조적 중요성의 폭은 이루 말할 수 없을 만큼 넓다. 그러나 나는 그것이 실제로 존재하게 될 것인지에 대해서는, 심지어 그것이 가능한지 불가능한지도 알지 못한다.

그렇지만 나는 그렇게 되기를 바란다. 우리에게는 그런 수학이 필요하기 때문이다.

앞 장에서 들었던 세 가지 예—물방울, 여우와 토끼 그리고 꽃잎—는 그 세부적인 사실에서는 판이하게 다르다. 그러나 그 보기들은 우주가 어떻게 작동하는가라는 물음에 대한 동일한 철학적 관점을 보여 주고 있다. 그 관점은 운동 법칙과 같은 간단한 법칙에서 행성들의 타원 궤도와 같은 간단한 패턴으로 곧장 치달리지 않는다. 그 대신 복잡성이라는 가지를 분기하는 거대한 나무를 통과한다. 어느 시점에선가 복잡성은 다시 적당한 크기를 가진 상대적으로 간단한 패턴으로 붕괴한다. 우리는 "수도꼭지에서 물방울이 떨어진다."라고 간단하게 말하지만, 실제로 그 과정은 놀라울 정도의 복잡성과 전이의 연쇄를 거쳐 완성된다. 아직까지 우리는 왜 그러한 전이가 유체의 흐름을 지배하는 법칙에서 유래했는지 그 이유를 알지 못한다. 컴퓨터 실험을 통한 증거로 그런 전이가 나타난다는 사실을 확인했음에도 불구하고 말이다. 그로 인해 나타나는 결과는 간단하지만 원인은 그렇지 못하다. 여우, 토끼 그리고 풀은 복잡한 확률론적 규칙을 이용해서 수학적 컴퓨터 게임을 한다. 그러나 그들이 구성하는 인공 생태계의 중요한 특성은 4개의 변수를 가진 동역학적 계에 의해 94퍼센트의 정확도로 표현할 수 있다. 그리고 식물에서 나타나는 꽃잎의 수는 모든 원시 세포 사이에서 일어나는 복잡한 동역학적 상호 작용의 결과이다. 그 수는 황금각을 통해 우연히 피보나치 수열로 연결된다. 피보나치 수열은 수학계의 셜록 홈스가 추적해야 할 단서이다. 그렇지만 그것이 그 단서 뒤에 숨어 있는 진범은 아니다. 이 경우에 수학적인 모리어티(셜록 홈스의 숙적인 '수학' 교수—옮긴이)는 피보나치 수열이 아닌 동역학이다. 다시 말해서 셜록 홈스가 대결할 상대는 자연의 수가 아닌 그 메커니즘이라는 뜻이다.

이러한 세 가지 수학 이야기 속에는 다음과 같은 공통의 메시지가 들어 있다. 그것은 자연의 패턴이 '창발적인 현상(emergent phenomena)'이라는 메시지이다. 그 패턴들은 보티첼리의 비너스가 조개껍질에서 솟아나왔듯이 복잡성의 바다에서 창발된 것으로 예고도 없이 자신들의 기원을 초월했다. 그 패턴들은 자연 법칙이 지닌 깊은 단순성의 직접적인 결과물이 아니다. 이 경우 자연 법칙들은 다른 수준에서 작용한다. 그 패턴들이 자연이 지닌 심오한 단순성의 간접적인 산물이라는 데는 의심의 여지가 없다. 그러나 원인에서 결과에 이르는 경로는 너무도 복잡해서 그 기다란 계단을 한 칸씩 추적할 수 있는 사람은 아무도 없다.

만약 우리가 패턴의 창발성을 이해하고자 한다면, 과학에 대한 새로운 접근 방식이 필요하다. 그것은 내재하는 법칙과 방정식을 강조하는 전통적인 입장과 공존할 수 있는 접근 방식이다. 컴퓨터 모의실험도 그 일부이다. 그러나 우리는 그 이상을 필요로 한다. 일부 패턴들이 나타난다는 이야기를 컴퓨터로부터 그저 전해 듣는 것만으로는 만족할 수 없다. 우리가 알고 싶은 것은 '왜'이다. 그리고 그것은 우리가 새로운 종류의 수학을 개발해야 할 필요가 있음을 뜻한다. 그것은 패턴을 극미한 규모에서 벌어지는 상호 작용의 우연적인 결과로 해석하는 데 그치지 않고 패턴을 패턴으로 다루는 수학이다.

나는 여러분이 가지고 있는 최근의 과학적 사고 방식을 완전히 바꿔 버릴 마음은 없다. 이미 그 방식들은 우리를 아주 멀리까지 데려다 주었다. 나는 그 방식들을 보완할 수 있는 무언가를 개발하고자 한다. 최신 수학의 가장 놀라운 특성들 중 하나는 수학의 일반 원리와 추상적 구조, 그리고 정량적(定量的)인 것보다는 정성적(定性的)인 것에 대한 강조이다. 위대한 물리학자 어니스트 러더퍼드(Ernest Rutherford)는 언젠가 "질적인 것은 양적인 것에 뒤진다."라고 말한 적이 있다. 그러나 이런 태도는 더 이상 통하지 않는다. 오히려 그의 말을 뒤집어서 "양적인 것은 질적인 것에 뒤진다."라고 해야 할 정도다. 수는 우리가 자연을 이해하고 기술할 수 있도록 도와주는 무수한 수학적 질의 하나일 뿐이다. 만약 자연의 자유를 한정된 수적 틀 속에 구속하려 한다면, 우리는 나무의 생장이나 사막의 모래 언덕이 형성되는 과정을 결코 이해할 수 없을 것이다.

이제 새로운 수학이 꽃피울 시기가 무르익었다. 그 수학은 너절한 정성적 사유에 대한 러더퍼드의 비판의 핵심인 지적 엄격함을 포괄해 들이면서도 훨씬 폭 넓은 개념적인 유연성을 가진다. 우리는 형태에 관한 효율적인 이론을 필요로 한다. 내가 두 번째 꿈에 '형태 수학'이라는 이름을 붙인 것은 바로 그 때문이다. 그러나 불행하게도 최근 들어 많은 과학 분야들이 그 반대 방향을 향해 치닫고 있다. 예를 들어 생물이 가진 형태와 패턴에 대한 유일한 답이 DNA의 프로그램이라는 식의 사고가 횡행하고 있다. 그러나 생물의 발생에 관한 최근의 이론들은 유기체와 비유기체가 그토록 많은 수학적 패턴들을 공유하는 이유를 제대로 설명하지 못하고 있다. 그 이유는 DNA가 최종적으로 발생한 형태를 부호로 간직하고 있는 것이 아니라 발생에 관여하는 동역학적 규칙들을 부호로 가지고 있기 때문일 것이다. 만약 그것이 사실이라면, 오늘날의 최신 이론들은 발생 과정의 결정적인 부분을 간과하고 있는 것이다.

자연에서 나타나는 형태에 수학이 깊이 연루되어 있다는 생각은 다시 톰슨에게까지 거슬러 올라간다. 아니, 실제로는 고대 그리스, 어쩌면 바빌로니아 시대까지 그 뿌리가 뻗어 있을지도 모른다. 그러나 극히 최근에 들어서야 우리는 제대로 된 종류의 수학을 개발하기 시작했다. 이전까지의 수학 체계는 그 자체로 지나치게 경직되어 있었고, 연필과 종이의 제약 속에 갇혀 있었다. 일례로 다시 톰슨은 여러 가지 생물과 유체의 흐름 패턴 사이에 유사성이 있다는 사실을 주목했다. 그러나 최근 이해되고 있는 유체 역학은 생물들을 모형화하기에는 턱없이 단순한 방정식들을 사용하고 있다.

만약 현미경으로 단세포 생물을 관찰한다면, 여러분의 눈앞에서 벌어지는 가장 놀라운 광경은 그 생물이 흘러가는 방향이 갖는 뚜렷한 목적성일 것이다. 그 단세포 생물은 마치 자신이 가려는 방향을 분명히 알고 행동하는 것처럼 보인다. 실제로 그 생물은 주위 환경과 자체의 내부 상태에 대해 매우 구체적인 방식으로 반응하는 것뿐이다. 생물학자들은 세포의 움직임과 연관된 메커니즘을 해명하기 시작했다. 그에 따라 그 메커니즘이 고전적인 유체역학보다 훨씬 복잡하다는 사실이 밝혀지고 있다. 세포가 가진 가장 놀라운 특성 중 하나는 세포 골격(cytoskeleton)이라 불리는 구조이다. 세포 골격은 관들이 마치 빨대 다발처럼 뒤얽힌 연결망이며, 세포의 내부를 고정해 주는 단단한 뼈대 구실을 한다. 세포 골격은 놀랄 만큼 유연하며 동적이다. 그 골격은 특정한 화학 물질의 영향으로 한꺼번에 사라질 수 있으며, 어디든 지지할 곳이 생기면 필요한 위치에 자라날 수 있다. 세포는 그 골격을 파괴하면서 이동하고 다른 곳에 다시 생성시킨다.

세포 골격의 주된 구성 성분은 튜불린이다. 이 단백질에 대해서는 대칭에 관한 이야기를 하면서 이미 소개했다. 그 장에서도 이야기했듯이 이 놀라운 분자는 알파튜불린과 베타튜불린이라는 2개의 구성 요소로 이루어진 기다란 관이다. 이 두 가지가 체커판의 희고 검은 사각형처럼 배열되어 있다. 튜불린 분자는 새로운 구성 요소를 첨가해서 성장하거나, 마치 바나나 껍질이 벗겨지듯 끝 부분에서 뒤쪽으로 갈라지면서 오그라들 수 있다. 성장 속도보다 수축 속도가 더 빠르며, 두 가지 움직임 모두 적당한 화학 물질에 의해 자극될 수 있다. 세포는 생화학적 바다에서 튜불린이라는 낚싯대를 이용해 고기를 낚는 식으로 자신의 구조를 변화시킨다. 그 낚싯대 자체가 화학 물질에 의해 반응해서 팽창, 수축, 파동 등의 움직임을 일으킨다. 세포가 분열하면 새로 탄생한 세포의 튜불린 연결망에서 스스로를 분리시킨다.

이것이 전통적인 유체역학과 다른 새로운 종류의 동역학이라는 데는 의심의 여지가 없다. 세포의 DNA가 튜불린을 생성하는 명령을 가지고 있을 수 있다. 그러나 거기에 특정한 화학 물질을 만났을 때 튜불린이 어떻게 행동해야 하는가에 대한 명령까지 가지고 있지는 않다. 그런 행동은 화학 법칙에 의해 결정된다. DNA

에 새로운 명령을 적어 넣어서 그런 변화를 일으키기란, 역시 DNA에 새로운 명령을 프로그램해서 코끼리가 귀를 펄럭거려 하늘로 날아오르게 만들기보다도 더 힘들다. 그렇다면 화학의 바다에서 튜불린 연결망에 비유할 수 있는 유체 역학은 무엇일까? 아직은 아무도 알지 못한다. 그러나 이것이 생물학뿐 아니라 수학에서도 풀어야 할 문제임은 분명하다. 그렇지만 그 문제가 완전히 예측 불가능한 것은 아니다. 기다란 분자에 의해 형성되는 패턴에 관한 이론인 액정의 동역학 역시 그와 마찬가지로 수수께끼로 남아 있다. 그러나 세포 골격의 동역학은 훨씬 더 복잡하다. 분자들이 크기를 변화시키거나 서로 완전히 분리될 수 있기 때문이다. 우리가 세포 골격을 수학적으로 이해할 수 있는 희미한 개념만이라도 갖고 있다면, 세포 골격을 설명할 수 있는 올바른 동역학 이론은 형태 수학의 중요한 부분일 것이다. 미분 방정식이 이런 문제를 해결할 수 있는 올바른 도구가 될 가능성은 없는 것 같다. 따라서 우리는 전혀 새로운 수학의 영역들도 필요로 한다.

첩첩산중이다. 그러나 수학이 맨 처음 탄생했던 때도 마찬가지였다. 뉴턴이 행성들의 운동을 이해하려고 했을 당시에는 미적분학이 없었다. 그래서 그는 미적분학을 창시했다. 카오스 이론은 수학자와 과학자 들이 그런 종류의 문제에 관심을 갖게 되고서야 비로소 태어났다. 현재 형태 수학이라는 학문은 존재하지 않는다. 그러나 나는 그 조각과 파편 들은 이미 존재한다고 확신한다. 그리고 그 파편들 중에서 이름을 얻은 몇 가지가 동역학적 계, 카오스, 대칭 붕괴, 프랙털, 셀룰러 오토마톤 등이다.

이제는 그 파편들을 그러모아 하나로 만들어야 할 때이다. 그렇게 될 때에만 진정한 의미에서 자연의 수를 자연의 형태, 구조, 행동, 상호 작용, 과정, 발생, 변형, 진화, 혁명 등과 함께 이해하기 위한 작업을 시작할 수 있기 때문이다.

어쩌면 영원히 그런 이해에 도달하지 못할 수도 있다. 그러나 그 시도는 무척 흥미로울 것이다.

참고 문헌

1. 자연의 질서

Stewart, Ian, and Martin Golubitsky, *Fearful Symmetry* (Oxford : Blackwell, 1992).

Thompson, D'Arcy, *On Growth and Form*, 2 vols (Cambridge : Cambridge University Press, 1972).

2. 수학의 쓸모

Dawkins, Richard, "The Eye in a Twinkling," *Nature*, 368 (1944) : 690~691쪽.

Kline, Morris, *Mathematics In Western Culture* (Oxford : Oxford University Press, 1953).

Nilsson, Daniel E., and Susanne Pelger, "A Pessimistic Estimate of the Time Required for an Eye to Evolve," *Proceedings of the Royal Society of London, B*, 256 (1944) : 53~58쪽.

3. 수학의 대상

McLeish, John, *Number* (London : Bloomsbury, 1991).

Schmandt-Besserat, Denise, *From Counting to Cuneiform*, vol. 1 of *Before Writing* (Austin : University of Texas Press, 1992).

Stewart, Ian, *The Problems of Mathematics*, 2nd ed.(Oxford : Oxford University Press, 1992).

4. 변화의 상수

Drake, Stillman, "The Role of Music in Galileo's Experiments," *Scientific American* (June 1975) : 98~104쪽.

Keynes, John Maynard, "Newton, the Man," in *The World of Mathematics*, Vol. 1, ed. James R. Newman (New York : Simon & Schuster, 1956), 277~285쪽.

Stewart, Ian, "The Electronic Mathematician," *Analog* (January 1987) : 73~79쪽.

Westfall, Richard S., *Never at Rest : A Biography of Isaac Newton* (Cambridge : Cambridge University Press, 1980).

5. 바이올린에서 비디오까지

Kline, Morris, *Mathematical Thought from Ancient to Modern Times* (New York : Oxford University Press, 1972).

6. 대칭 붕괴

Cohen, Jack, and Ian Stewart, "Let *T* Equal Tiger…," *New Scientist* (6 November 1993) : 40~44쪽.

Field, Michael J., and Martin Golubitsky, *Symmetry in Chaos* (Oxford : Oxford University Press, 1992).

Stewart, Ian, and Martin Golubitsky, *Fearful Symmetry* (Oxford : Blackwell, 1992).

7. 생명의 리듬

Buck, John, and Elisabeth Buck, "Synchronous Fireflies," *Scientific American* (May 1976) : 74~85쪽.

Gambaryan, P. P., *How Mammals Run : Anatomical Adaptations* (New York : Wiley, 1974).

Mirollo, Renato, and Steven Strogatz, "Synchronization of Pulse-Coupled Biological Oscillators," *SIAM Journal of Applied Mathematics*, 50 (1990) : 1645~1662쪽.

Smith, Hugh, "Synchronous Flashing of Fireflies," *Science*, 82 (1935) : 51쪽.

Stewart, Ian, and Martin Golubitsky, *Fearful Symmetry* (Oxford : Blackwell, 1992).

Strogatz, Steven, and Ian Stewart, "Coupled Oscillators and Biological Synchronization," *Scientific American* (December 1993) : 102~109쪽.

8. 신과 주사위

Albert, David Z., "Bohm's Alternative to Quantum Mechanics," *Scientific American*, 270 (May 1994) : 32~39쪽.

Garfinkel, Alan, Mark L. Spano, William L. Ditto, and James N. Weiss, "Controlling Cardiac Chaos," *Science*, 257 (1992) : 1230~1235쪽.

Gleick, James, *Chaos : Making a New Science*(New York : Viking Penguin, 1987).

Shinbrot, Troy, Celso Grebogi, Edward Ott, and James A. Yorke, "Using Small Perturbations to Control Chaos," *Nature*, 363 (1993) : 411~417쪽.

Stewart, Ian, *Does God Play Dice?*(Oxford : Blackwell, 1989).

9. 물방울, 동역학 그리고 데이지꽃

Cohen, Jack, and Ian Stewart, *The Collapse of Chaos*(New York : Viking, 1994).

Douady, Stéphane, and Yves Couder, "Phyllotaxis as a Physical Self-Organized Growth Process," *Physical Review Letttrs*, 68 (1992) : 2098~2101쪽.

Penegrine, D. H., G. Shoker, and A. Symon, "The Bifurcation of Liquid Bridges," *Journal of Fluid Mechanics*, 212 (1990) : 25~39쪽.

X. D. Shi, Michael P. Brenner, and Sidney R. Nagel, "A Cascade Structure in a Drop Falling From a Faucet," *Science*, 265 (1994) : 219~222쪽.

Waldrop, M. Mitchell, *Complexity : The Emerging Science at the Edge of Order and Chaos*(New York : Simon & Schuster, 1992).

Wilsom, Howard B., *Applications of Dynamical Systems in Ecology*, PH.D. thesis, University of Warwick, 1993.

맺음말

Cohen, Jack, and Ian Stewart, "Our Genes Aren't Us," *Discover*(April 1994) : 78~83쪽.

Goodwin, Brian, *How the Leopard Changed Its Spots*(London : Weidenfeld & Nicolson, 1994).

찾아보기

가

가속도 99, 101~103, 122
가우스, 카를 프리드리히 113~114
   정수론 113
갈릴레이, 갈릴레오 93, 95, 98
갈바니, 루이지 124
결맞은 빛 62
결어긋남 192
공명 54~55
과정의 물체화(물화) 74~75, 136
길버트, 윌리엄 124

나

나비 효과 196~197, 205~208, 218
낙타의 수를 세는 방법 67, 70
눈송이 17~18, 20
뉴턴, 아이작 38~39, 44, 92~98, 102~107, 187, 189
   가속도 39~40
   변화율 39~42
   2체 문제 108~109
   운동 법칙 101~103, 106, 116, 189, 231
   중력 법칙 106
닐손, 다니엘 49, 51

다

달랑베르 118, 121
달의 움직임에 대한 근삿값 계산 108
대칭 133~134
   거울 대칭 160
   바이러스 149
   반사 136
   반사 대칭 137
   시간의 반사 대칭 171
   생물 세포 148

양측 대칭 135
자연의 대칭 152
평행 대칭 157
평행 이동 136, 138~139
회전 136, 138
대칭 붕괴 140~141, 149~150, 154~158, 163, 171, 173, 181
자연적인 대칭 붕괴 134, 154
동역학 203
동역학적 계 집단 194
집단 동역학 230
두아디, 스테판 239, 243~246
보겔, H. 243
드레이크, 스틸먼 98
들로네, 샤를외젠 107
디랙, 폴 104
"신은 수학자이다." 104

라

라이프니츠, 고트프리트 40
라플라스, 피에르시몽 드 187, 189, 190, 195~196
『확률에 대한 형태 이론』 187
러셀, 버트런드 76
『수학의 원리』 76
레이디 럭 217

마

마르코니, 굴리엘모 128
만델브로, 브누와 33
만물의 이론 223
맥스웰, 제임스 클러크 126~127, 162
맥스웰 방정식 126, 129, 160
머이브리지, 이어드워드 166~167
멘델, 그레고어 47
모의실험(시뮬레이션) 11, 49, 51
목성 26, 53~54
이오 26, 54
유로파 26, 54
가니메데 26, 54
주기 55
공전 56
무리수 70, 244
무제리지, 에드워드 166
물방울의 문제 210~211, 225~228, 230
분리되는 물방울의 역학 229
미롤로, 레나토 183
미적분학 43, 102
미분 103, 105
미분 방정식 105, 116, 201, 234~235
미적분 40, 42~44
적분 103

바

바르한 리지 29
바이올린 116, 130
  현의 진동에 얽힌 문제 116~121, 127, 129, 169, 204
  정상파 118 사인파 118
배/부두정리 81~82, 84
버크민스터풀러렌 분자 147
베르누이, 다니엘 120
벨루소프, B. P. 141~142
  벨루소프-자보틴스키(B-Z) 반응 143~144, 146
"변화가 법칙을 생성한다" 94
변환 73, 135
  대칭 136
  반사 136
보조 175~181
보행 자극 발생기(LEG) 174
복소수 71~72
복잡성 이론 94, 224
볼타, 알레산드로 124
봄, 데이비드 191
브라베 형제 241
브라헤, 튀코 37
비선형 동역학(카오스 이론) 190

사

사구 17, 19, 29, 156~158
  횡파 사구 157
사인 곡선 118, 120
사진 복사기 62
3체 문제 10, 108~110
상사해 229
생물의 기하학 48~49
샤르가프, 에르빈 47
  샤르가프의 법칙 47~48
섬유성 연축 145~146
셀룰러 오토마톤 232~233
소립자 이론 41
소수 87
송로버섯 199~200, 202, 231
수비학 23~24
  패턴 찾기 25
수의 패턴 23, 26
  상변이 32
  유형의 척도 불변성 33
  자기 유사성 33
수평적 사고 193
수학 18, 46
  수 65~66
  수학의 역할 58
  수학의 초기 역사 66

수학자 43~45
　　　수학적 규칙 19
　　　수학적 기초 59
　　　수학적 모델 53
　　　수학적 본성 36
　　　수학적 사물 74
　　　수학적 지식 66
　　　수학적 패턴 224
　　　순수 수학 113, 115
스미스, 휴 182
　　「개똥벌레의 동시 발화」 182
스탠퍼드, 릴런드 166
스트로가츠, 스티븐 183
시아, 치훙 109
시간의 반사 대칭 171~172
식물의 수학적 규칙성 236~237
실수 70~72

아
아르놀드, 블라디미르 110
　　아르놀드 확산 109
아인슈타인, 알베르트 189, 191, 219
　　주사위 191~192
　　$E=mc^2$ 123
애덤스, 더글러스 188
　　『은하수를 여행하는
　　　히치하이커를 위한 안내서』 188
　　디프 소트 188
양자 역학 191, 218
　　양자적 불확정성 191~192, 219
열전도 방정식 104
0의 발견 69
오리온자리 25, 53
오일러, 레온하르트 119~121
　　현의 파동 방정식(편미분 방정식)
　　　119~121
유체 9
　　유체 역학 123
유클리드 85
6겹 대칭 17~18, 147, 159
음수의 발견 69~70

자
자기 유사성 33
자보틴스키, A. M. 142
　　벨루소프-자보틴스키 반응(B-Z)
　　　143~144, 146
자연수(양의 정수) 72
자연의 패턴 22, 28, 31~34, 37, 104,
　　111, 134, 139, 251
제곱 24
　　제곱근 70~71, 73~74

중앙 패턴 발생기(CPG) 174, 178~180
진동자 167, 179, 183

차
척도로부터의 독립성 32
척도 불변성 33
초기 지정 옵션 151
초끈 이론 219

카
카오스 10, 21, 34, 58, 91, 94, 197, 204~210, 212, 214~217, 221, 234
캐럴, 루이스 63
  붉은 여왕 63
케인스, 존 메이너드 92
케플러, 요하네스 18, 23, 25, 37~38, 95, 105
  『6각 눈송이』 18
쿠데르, 이브 239, 243, 245~246
Q.E.D(증명 완료) 85

타
테일러, 브룩 118
테일러, R. C. 182
텔레비전의 발명 115~116
토큰 67~68

톰슨, 다시 185, 253
  『성장과 형태에 관하여』 185
튜불린 148, 255
특이성 9

파
파동 28
  파동 방정식 121, 123, 127
  파동 진폭 104
  파동의 패턴 140
파울리, 볼프강 161
파이겐바움, 미첼 212~213
  델타 212~213
페글레르, 수잔 49, 51
패러데이, 마이클 124~126
  역선 125~126
페레그린, 하웰 226
페스킨, 찰스 183
페이스메이커 34, 58
포물선 경로 95~96
푸앵카레, 앙리 198, 203
  위상 공간 198
프랙털 21, 34
  프랙털 기하학 33
프랭클린, 벤저민 124
피보나치, 레오나르도 237

피보나치 수열 236~239, 250
피보나치 수 241, 243

하
항성(붙박이 별) 20, 26, 53
행성(떠돌이 별) 20, 23, 25, 56, 106, 114
  플라테네스 20
허수 71
헤라클레이토스 91
형태 수학 248~249
헤르츠, 하인리히 128, 130
호기심에 의한 연구 61
호이트, D. F. 182
호프, 에버하르트 169
  호프 분기 169, 171
홀로그래피의 원리 62
화이트헤드, 앨프리드 노스 76
  『수학의 원리』 76
환원주의자의 악몽 223
황금각 241, 243~246
휘어진 공간 8, 12
힐다 그룹 56
힐더브란드, 밀턴 175

옮긴이 김동광

고려 대학교 독어독문학과를 졸업했다. 현재 과학 저술가로 활동하고 있으며 국민 대학교 사회 과학 연구소에서 한국의 과학 기술사를 연구하고 있다. 옮긴 책으로는 『인간』, 『원소의 왕국』, 『잊혀진 조상의 그림자』, 『이런 이게 바로 나야』, 『판다의 엄지』, 『그림으로 보는 시간의 역사』, 『마틴 가드너의 양손잡이 자연세계』 등이 있다.

사이언스 마스터스 08

자연의 패턴 | 이언 스튜어트가 들려주는 아름다운 수학의 세계

1판 1쇄 펴냄 2005년 12월 16일
1판 9쇄 펴냄 2021년 10월 15일

지은이 이언 스튜어트
옮긴이 김동광
펴낸이 박상준
펴낸곳 (주)사이언스북스

출판등록 1997. 3. 24.(제16-1444호)
(06027) 서울특별시 강남구 도산대로1길 62
대표전화 515-2000 팩시밀리 515-2007
편집부 517-4263 팩시밀리 514-2329
www.sciencebooks.co.kr

한국어판 ⓒ (주)사이언스북스, 2005. Printed in Seoul, Korea.

ISBN 978-89-8371-940-9 (세트)
ISBN 978-89-8371-948-5 03400